普通高等教育"十四五"系列教材

画法几何与土木工程制图

王 丹 袁 媛 ◎ 主 编
冯 凯 许继恒 ◎ 副主编

思政
双色
微课

U0410976

中国铁道出版社有限公司

北 京

内 容 简 介

本书针对土木建筑类专业制图课程编写,包括画法几何部分及建筑施工图、结构施工图和给排水施工图的识读。

全书共 10 章,包括导论、平面几何作图基础、投影的基本知识、点线面的投影、基本形体及面上求点、截交线和相贯线、组合体、形体的表达方法、轴测投影和房屋建筑图。

本书在内容和例题选择上充分体现土木建筑类专业的特点,为突出时代感与科学性,尽量做到引用现行相关国家标准、规范、图集,从而使教材内容不滞后,与工程实际不脱节。

本书适合普通高等学校土木建筑类及相关专业学生使用,也可供其他工科专业相关课程教学使用。

图书在版编目(CIP)数据

画法几何与土木工程制图/王丹,袁媛主编. —北京:中国铁道出版社有限公司,2023.2
普通高等教育"十四五"系列教材
ISBN 978-7-113-29525-7

Ⅰ.①画… Ⅱ.①王… ②袁… Ⅲ.①画法几何–高等学校–教材②土木工程–建筑制图–高等学校–教材
Ⅳ.①TU204

中国版本图书馆 CIP 数据核字(2022)第 143526 号

书　　名:	画法几何与土木工程制图
作　　者:	王　丹　袁　媛
策　　划:	曾露平　　编辑部电话:(010)63551926
责任编辑:	曾露平
封面设计:	郑春鹏
责任校对:	刘　畅
责任印制:	樊启鹏

出版发行:中国铁道出版社有限公司(100054,北京市西城区右安门西街 8 号)
网　　址:http://www.tdpress.com/51eds
印　　刷:天津嘉恒印务有限公司
版　　次:2023 年 2 月第 1 版　2023 年 2 月第 1 次印刷
开　　本:787 mm×1 092 mm　1/16　印张:10　字数:260 千
书　　号:ISBN 978-7-113-29525-7
定　　价:35.00 元

版权所有　侵权必究

凡购买铁道版图书,如有印制质量问题,请与本社教材图书营销部联系调换。电话:(010)63550836
打击盗版举报电话:(010)63549461

前　言

根据教育部高等学校工程图学教学指导分委员会制定的《高等学校工程图学课程教学基本要求》及近年来发布的《机械制图》《技术制图》等相关国家标准，我们充分认识到工程图学课程体系进行改革的必要性：工程制图须与新时代人才培养模式相呼应、须与计算机技术相联系、须融入思政教学内容。

本书具有以下特色：

（1）基础知识与学科发展相结合

根据拓宽基础的指导思想，本书构建了宽口径、厚基础的统一图形表达方式和图形思维平台。强调画法几何与土木工程制图的基本知识、基本概念、基本方法的同时，融入计算机绘图、构型设计、科学研究与工程实际等内容，将传统的制图方式与计算机绘图方式结合起来，使内容具有一定的新颖性。

（2）强调综合能力培养

将形象思维和创新思维相融合，本书着重于手绘草图、仪器绘图和计算机绘图三种绘图能力的综合培养，突出培养构型和设计能力，并将三种绘图方法贯穿于本书，有利于培养学生综合的图形处理能力和动手能力。

（3）融入思政内容

工程制图是大国制造的重要基础，工匠精神是"专业态度、职业精神和人文素养的统一"。我国在工程图学方面有着悠久的历史，有很多辉煌的成就，近现代也有着大国基建的经典案例。本书分章节针对性融入相关思政内容，不仅能强化学生的专业知识与技能，还能在潜移默化中将家国情怀、诚信意识、创新意识与一丝不苟、精益求精的工匠精神渗透到学生头脑中，为我国快速向基建强国迈进输送优秀人才。

本书采用了现行最新的国家标准，CAD软件按较新版本介绍。书中还配有教学视频，可满足多媒体教学的需要，方便学生学习。

本书由陆军工程大学王丹、袁嫒任主编，冯凯、许继恒任副主编。其中，第1、2章由许继恒编写，第3、4、5、7、8由王丹编写，第6、9章由冯凯编写，第10章由袁嫒编写。

由于编者水平所限，书中难免存在疏漏及不足之处，敬请各位读者批评指正。

编　者

2022年10月于南京

目　录

第1章　导　论 ·· 1
第1节　工程图的发展历史 ·· 1
第2节　工程图的不同类型 ·· 5
第3节　工程制图标准 ··· 6
第4节　制图工具 ··· 10
第5节　常用计算机三维辅助软件介绍 ·· 14
小　　结 ··· 16

第2章　平面几何作图基础 ·· 19
第1节　仪器绘图基本步骤 ·· 19
第2节　几何图形绘制举例 ·· 20
第3节　AutoCAD 核心命令 ·· 23
第4节　AutoCAD 绘图基础 ·· 29
小　　结 ··· 39

第3章　投影的基本知识 ·· 41
第1节　投影法的分类及工程应用 ·· 41
第2节　平行投影的特性 ··· 43
第3节　三面正投影图 ··· 45
小　　结 ··· 47

第4章　点线面的投影 ·· 48
第1节　点的投影规律及两点的相对位置 ··· 48
第2节　各种位置直线的投影特性 ·· 54
第3节　直线上点的投影特性 ··· 56
第4节　各种位置平面的投影特性 ·· 58
第5节　平面上的直线和点 ·· 61
小　　结 ··· 63

第 5 章　基本形体及面上求点 ... 65
第 1 节　基本形体的三面正投影图 ... 65
第 2 节　基本形体上点、线、面的投影特性 ... 66
小　　结 ... 72

第 6 章　截交线和相贯线 ... 73
第 1 节　截交线 ... 73
第 2 节　相贯线 ... 80
小　　结 ... 88

第 7 章　组合体 ... 89
第 1 节　组合体的形体分析 ... 89
第 2 节　组合体的绘图 ... 91
第 3 节　组合体的读图 ... 93
第 4 节　组合体的尺寸标注 ... 99
第 5 节　利用 AutoCAD 绘制组合体的三视图 ... 101
小　　结 ... 103

第 8 章　形体的表达方法 ... 104
第 1 节　基本视图与辅助视图 ... 104
第 2 节　剖面图 ... 108
第 3 节　断面图 ... 117
第 4 节　第三角投影方法简介 ... 120
小　　结 ... 120

第 9 章　轴测投影 ... 122
第 1 节　轴测图的基本知识 ... 122
第 2 节　正等轴测图 ... 124
第 3 节　斜二等轴测图 ... 131
小　　结 ... 132

第 10 章　房屋建筑图 ... 134
第 1 节　房屋建筑图概述 ... 134
第 2 节　房屋建筑图识读 ... 136
小　　结 ... 153

参考文献 ... 154

第 1 章 导 论

"工程图学"是一门以图形为研究对象、用图形来表达设计思想、研究工程与产品信息表达、交流与传递的学科。在工程技术界中由于"形"信息的重要性,工程人员均把工程图学作为其基本素质及基本技能之一来看待。"工程图学基础"课程以工程图样的识读与表达为主线,以计算机三维技术为辅助教学手段,由浅入深,着重培养空间逻辑思维和空间形象思维,使学生初步具有运用相关投影理论,结合相关专业标准及图形表达方法阅读和绘制基本工程图样的能力。

通过本章学习,你将重点掌握:
- 工程图学的发展史及发展趋势
- 工程图的不同类型及相关知识
- 国家相关制图标准及主要要求
- 手工制图相关工具及使用方法
- 常用计算机三维辅助软件介绍

第 1 节 工程图发展历史

1. 图样与工程技术

图样与文字、语言等一样,是人类表达思想与交流知识的重要工具,也是人们获得知识的重要来源之一。工程技术中,根据投影原理及国家标准规定表示工程对象的形状、大小以及技术要求的图样,称为工程图样。图样是工程技术界的语言,用于传递设计与加工的构想。图样既是人类语言的补充,也是人类智慧在更高级发展阶段上的具体体现。"一图胜千言(A picture is worth a thousand words)"充分体现了图在人类思维、活动与交流中的作用。

工程技术又称生产技术,是在工业生产中实际应用的技术。它是人们应用科学知识或利用技术的研究成果于工业生产过程之中,以达到改造自然的预定目的。随着科学理论的不断发展,工程技术的类别也越来越多,如基因工程技术,信息工程技术,系统工程技术,卫星工程技术等。而在其发展的过程中,"图"的作用是不可替代的。

在工程技术中,工程图样不仅是现代生产中重要的技术文件,也是进行技术交流的重要工具,所以工程图样有"工程界的语言"之称。图样的绘制和阅读是工程技术人员和工程管理人员必须掌握的一种基本技能。工程图的应用如图 1-1 所示。在产品信息表达和工程中,工程图作为构思、设计和制造中产品信息定义、表达和交流的主要媒介,对推动人类文明进步,促进工程技术的发展,起到了重要作用。

（a）机械加工

（b）工业建造

（c）电力工程

（d）军工制造

（e）建筑工程

图 1-1　工程图的应用

2. 工程图发展简史

人类从远古走到现代,几乎每个脚印都含有"图"的踪迹。人类被人类学家、考古学家定义为"人"的那一时期起,人类就与"图"结下了不解之缘。在文字还没有形成之前,"图"是人类表达意图、传递信息的重要手段。虽然这些图仅仅是在地面上或树皮、岩石上的简单刻画,但毕竟在那个时期"图"是实实在在地存在并被人类所用了。在这些"图"中,甚至还包含有"工程图",比如某个较聪明的头领,要教或指示其他人制作某些原始的工具或挖陷阱等,就会用利器在地上或其他地方画些图形来比画,以弥补语言表达的不足。这就是"工程图"的雏形。

《营造法式》编于熙宁年间(1068—1077),刊行于宋崇宁二年(1103年),是李诫在两浙工匠喻皓的《木经》的基础上编成的,是北宋官方颁布的一部建筑设计、施工的规范书,这是我国古代最完整的建筑技术书籍,标志着中国古代建筑已经发展到了较高阶段。

随着生产力的发展和智力水平的提高、群体的扩大,某些图形符号在一定地域内逐渐被一些"智者"共同认可,逐渐地形成某种早期的"文字",而后人类"作图"和"写字"的工具和材料也出现了,同时也产生了人类的文明史。其中得以流传后世的《周礼·考工记》中记载有矩、规、绳、悬、水等测绘工具。秦汉时,皇宫庙宇的建造更是倚重于"工程图"。公元 150 年左右,蔡伦总结劳动人民的造纸经验,采用树皮、麻头、破布、旧渔网为原料改进了造纸术。这一方法很快被国人广泛采用,并流传到世界各主要国家,极大地推动了人类社会的进步。到了宋代,工程图已经相当规范,如著名的《营造法式》(图 1-2)。

图 1-2 《营造法式》

在近代工业革命的进程中,随着生产的社会化,1795年法国科学家蒙日(图1-3)系统地提出了以投影几何为主线的画法几何学,把工程图的表达和绘制高度规范化、唯一化,从而使得画法几何学成为工程图的"语法",工程图成为工程技术界的"语言"。在画法几何学的普及过程中,学者切特维鲁新和弗罗洛夫等人的工作产生了很大的影响,对加强学生的逻辑思维训练、培养学生的空间想象能力起了很好的作用。我国工程图学者赵学田教授简洁通俗地总结了三视图投影规律为"长对正、高平齐、宽相等",从而使得画法几何和工程制图知识易学、易懂。

图 1-3 画法几何学鼻祖——蒙日

加斯帕尔·蒙日(1746—1818),法国数学家、化学家和物理学家。创立了画法几何学,推动了空间解析几何学的独立发展,奠定了空间微分几何学的宽厚基础,创立了偏微分方程的特征理论。

岁月的时光流到今日,又出现了一种处理、记录图文的工具——计算机。它不仅是图文的载体,还有非凡的图文处理及部分替代人的思维的功能。计算机的广泛应用大大促进图形学的发展,开创了图形学应用和发展的新纪元。以计算机图形学为基础的计算机辅助设计(CAD)技术,推动了几乎所有领域的设计革命,CAD技术的发展和应用水平已成为衡量一个国家科技现代化和工业现代化水平的重要标志之一。CAD技术从根本上改变了过去的手工绘图、发图、凭图纸组织整个生产过程的技术管理方式,将它变为在图形工作站上交互设计,用数据文件发送产品定义,在统一的数字化产品模型下进行产品打样、分析计算、工艺计划、工艺装配、数控加工、质量控制、编印产品维护手册、组织备件订货供应等,这场革命有三个典型特征,即数字化、标准化、网络化。

(a)手工制图

进入21世纪,CAD技术正向着信息化、集成化和网络化的方向发展,尤其是工程信息模型技术的出现,使原有CAD软件中点、线、面单一图元向三维模型可视化、模型附带真实信息以及智能整合相关信息等转化,在项目策划、设计、制造建造、运行维护等过程中实现各方信息共享和协同工作,为工程技术的发展带来了巨大变革(图1-4),成为CAD技术发展历程中一个重要的里程碑,其中较为典型的是建筑信息模型(BIM)技术的发展。BIM技术是一种倡导利用信息模型技术实现建筑工程全生命周期集成化管理的新理念,BIM技术提出以三维数字技术为基础,信息化表达建筑工程的物理和功能特性,通过集成建筑各相关信息的数据模型,为建筑师、结构师、建造师及建设方等所有项目参与者提供一个关于项目的共享、交流的信息和知识集合。同时,图形信息技术的发展又带动了计算机图形学、辅助设计制造技术、虚拟现实技术、云计算技术的快速发展。

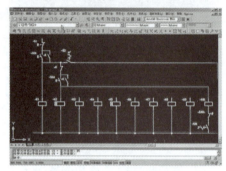
(b)AutoCAD——计算机辅助设计

(c)Inventor——计算机三维参数化设计

图1-4 工程制图的革命化进程

这里值得一提的有两点:一是计算机技术的广泛应用,并不意味着完全可以取代人的作用;二是CAD/CAPP/CAM一体化,实现无图纸生产,并不等于无图生产。各种计算机信息技术的发展,使得工程技术人员可以用更多的时间进行创造性的活动,而创造性的活动离不开运用图形工具进行构思与表达,所以,图形的作用不仅不会被削弱,反而显得更加重要。

本节思考

1. 从工程图学的发展进程中,你能看出今后工程图学的发展趋势吗?
2. 你现在是否迫切想进一步知道本专业的工程图样是什么样子?

第 2 节　工程图的不同类型

从实际工作经验中可以看出,在学习工程图学知识的过程中,我们也会进一步提高专业领域的知识,如房屋建筑工程、机械工程、电力工程、通信工程、市政公用工程、港口工程、航空航天工程、军事工程等。同时,对任何一个从事工程领域方面工作的人而言,无论是设计者、管理者、决策者,还是操作员、工艺技师和工程师,掌握一定的工程图学基础是十分必要的。同时也要认识到,每个相关专业工程都是由不同的工种组成的,如房屋建筑工程主要由建筑专业,结构专业,水、暖、电设备专业等组成,不同工种的工程图样差别也很大;而不同工程类型之间,也有可能有相近的专业工程图样,如港口工程中势必会包括部分建筑工程的设计图样,而电力工程的某些专业图样与通信工程会有相似之处。除此之外,同一专业工程由于设计阶段的不同,其工程图的表达方面也会有差异。以房屋建筑工程为例,建筑工程图纸的形成阶段主要有三个:初步设计阶段、技术设计阶段和施工图设计阶段,每个阶段图纸组成、绘制细度及完整性有很大差别,如初步设计阶段以提出设计方案,绘制建筑方案图为主,而施工图阶段是为了满足工程施工中的各项具体技术要求提供一切准确可靠的施工依据,因此要包括建筑、结构、机电设备各专业的全套工程图纸和相关配套的说明和工程概算文件。总之,了解工程图的分类及相关应用领域是十分必要的。工程图的不同类型见表 1-1。

表 1-1　工程图的不同类型

工程图类型		工作方式	工程产品	专业领域
机械		工程设计 工程测试 工程制造 工程维护 工程建设	工程材料 机械产品 工程装置	电力生产与输送 交通及运输业 工业生产及制造 海洋及船舶工业
建筑		工程规划 工程设计 工程审查 工程施工	建筑物或构筑物 市政道路工程 景观环境工程	建筑设计建造业 市政基础设施 交通与运输业 景观环境业 室内设计装潢业
设备		工程设计 工程审查 工程施工 工程维护	建筑工程 市政管道设施 气动液压装置	建筑设计建造业 市政基础设施 交通与运输业 工业生产及制造 电力生产与输送

续表

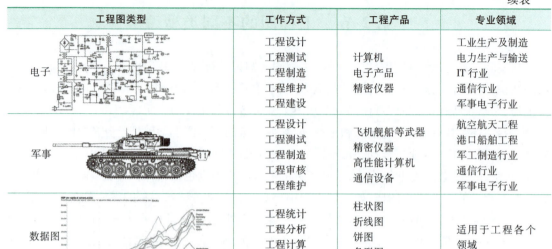

工程图类型	工作方式	工程产品	专业领域
电子	工程设计 工程测试 工程制造 工程维护 工程建设	计算机 电子产品 精密仪器	工业生产及制造 电力生产与输送 IT行业 通信行业 军事电子行业
军事	工程设计 工程测试 工程制造 工程审核 工程维护	飞机舰船等武器 精密仪器 高性能计算机 通信设备	航空航天工程 港口船舶工程 军工制造行业 通信行业 军事电子行业
数据图	工程统计 工程分析 工程计算 工程审核	柱状图 折线图 饼图 条形图 直方图	适用于工程各个领域

本节思考

1. 工程图按专业有不同的分类,如何去学习和掌握工程图学相关知识?
2. 有这么多类型的工程图样,国家有相应的制图标准吗?

第3节　工程制图标准

图样是工程技术中用来进行技术交流和指导生产的重要技术文件之一,为此,国家制定了绘制图样的一系列标准,简称国标。其代号为"GB"。国标对图样的画法作了严格的统一规定,我们在绘制图样时必须严格遵守国家标准的规定,以充分发挥图样的语言功能。我国现行的《技术制图》标准涵盖了机械、建筑、水利、电气、电子等行业,具有统一性、通用性、通则性和国际性的特点。除此之外,各行业还有自己的专业制图标准,如《机械制图　图样画法　视图》(GB/T 4458.1—2002)、《机械制图　轴测图》(GB/T 4458.3—2013)、《建筑制图标准》(GB/T 50104—2010)、《房屋建筑制图统一标准》(GB/T 50001—2017)等。为适应工程制图中CAD技术的应用,国家还出台了《CAD工程制图规则》(GB/T 18229—2000)、《机械工程CAD制图规则》(GB/T 14665—2012)、《技术制图 CAD系统用图线的表示》(GB/T 18686—2002)等相关标准。这里着重阐述《房屋建筑制图统一标准》的主要内容。

1. 图纸幅面和格式

绘制图样时,应优先采用基本幅面。必要时,也允许选用加长幅面。基本幅面共有A0、A1、A2、A3、A4 五种,也有横幅和立幅之分,如表1-2、图1-5所示。

表1-2　图纸幅面

幅面代号	A0	A1	A2	A3	A4
尺寸 mm($B \times L$)	841×1 189	594×841	420×594	297×420	210×297

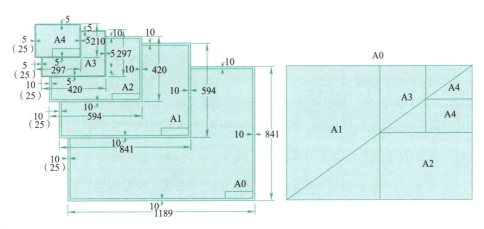

图1-5 各图幅之间的对应关系

注:括号里的数字代表留有装订边的尺寸。

在图纸上必须用粗实线画出图框,其格式分为不留装订边和留有装订边两种,但同一产品的图样只能采用一种格式。

每张图纸上都必须画出标题栏。标题栏的位置应位于图纸的右下角或右侧,国家标准推荐的标题栏格式比较复杂,学生在做作业时建议采用简化标题栏,如图1-6所示。

图1-6 制图作业的标题栏格式参考

2. 比例

图样中图形与实物相应要素之间的线性尺寸之比称为比例。国家标准规定了绘制图样时一般应采用的比例。绘制图样时,应根据实物的大小及其结构的复杂程度来选取相应的比例,一般应尽可能按实物的实际大小(1∶1)画出。当实物大而简单时,可采用缩小的比例;当实物小而复杂时,可采用放大的比例。无论采用缩小还是放大的比例,在标注尺寸时,都按实物的实际尺寸标注,而在标题栏的比例栏中填写相应的比例。放大和缩小常用比例见表1-3。

表1-3 放大和缩小常用比例

种类	第一系列	第二系列
原值比例	1∶1	
放大比例	5∶1 2∶1 $5 \times 10^n∶1$ $2 \times 10^n∶1$ $1 \times 10^n∶1$	4∶1 2.5∶1 $4 \times 10^n∶1$ $2.5 \times 10^n∶1$
缩小比例	1∶2 1∶5 1∶10 $1∶1 \times 10^n$ $1∶2 \times 10^n$ $1∶5 \times 10^n$	1∶1.5 1∶2.5 1∶3 1∶4 1∶6 $1∶1.5 \times 10^n$ $1∶2.5 \times 10^n$ $1∶3 \times 10^n$ $1∶4 \times 10^n$ $1∶6 \times 10^n$

3. 字体

图样中的字体在书写时必须做到:字体工整、笔画清楚、间隔均匀、排列整齐。图样中各种字体的大小应根据国家标准规定的大小进行选取。国标规定字体高度(用 h 表示)的公称尺寸系列为:1.8、2.5、3.5、5、7、10、14、20 mm。字体高度代表字体号数。

图样中的汉字应写成长仿宋体,并应采用中华人民共和国国务院正式公布推行的《汉字简化方案》中规定的简化字。汉字的高度 h 不应小于 3.5 mm,字宽一般为 $\frac{3}{4}$。长仿宋体的书写要领是:横平竖直、注意起落、结构匀称、填满方格。下面是一些常用字体的示例:

字体工整、笔画清楚、间隔均匀、排列整齐横平竖直、注意起落、结构均匀、填满方格

拉丁字母示例:

A B C D E F G H I J K L M N O P Q R S T U V W X Y Z

a b c d e f g h I j k l m n o p q r s t u v w x y z

阿拉伯数字示例:

0 1 2 3 4 5 6 7 8 9

4. 图线

图线的基本线宽 b,宜按照图纸比例及图纸性质从 1.4 mm、1.0 mm、0.7 mm、0.5 mm 线宽系列中选取。建筑工程图样可采用粗、中粗、细三种线宽,其比例关系为 4:2:1。每个图样,应根据复杂程度与比例大小,先选定基本线宽 b,再选用表 1-4 中相应的线宽组。

表 1-4 线宽组(mm)

线宽比	线宽组					
b	2.0	1.4	1.0	0.7	0.5	0.35
$0.5b$	1.0	0.7	0.5	0.35	0.35	0.18
$0.25b$	0.5	0.35	0.25	0.18	—	—

注:(1)需要微缩的图,不宜采用 0.18 mm 及更细的线宽。
　　(2)同一张图纸内,各不同线宽中的细线,可统一采用较细的线宽组的细线

工程建设制图应先用表 1-5 所示的图线。

表 1-5 线型及应用

名称		线型	线宽	用途
实线	粗	———	b	主要可见轮廓线
	中粗	———	$0.7b$	可见轮廓线、变更云线
	中	———	$0.5b$	可见轮廓线、尺寸
	细	———	$0.25b$	图例填充线、家具线
虚线	粗	- - - -	b	见各有关专业制图标准
	中粗	- - - -	$0.7b$	不可见轮廓线
	中	- - - -	$0.5b$	不可见轮廓线、图例线
	细	- - - -	$0.25b$	图例填充线、家具线

续表

名称		线型	线宽	用途
单点长画线	粗		b	见各有关专业制图标准
	中		$0.5b$	见各有关专业制图标准
	细		$0.25b$	中心线、对称线、轴线等
双点长画线	粗		b	见各有关专业制图标准
	中		$0.5b$	见各有关专业制图标准
	细		$0.25b$	假想轮廓线、成型前原始轮廓线
折断线	细		$0.25b$	断开界线
波浪线	细		$0.25b$	断开界线

图线画法(图1-7)：

(1)同一图样中同类图线的线宽应一致。虚线、点画线及双点画线的线段长度和间隔应各自大致相等。

(2)两条平行线(包括剖面线)之间的距离应不小于粗实线的两倍宽度,其最小距离不得小于0.7 mm。

(3)绘制圆的对称中心线时,圆心应为线段的交点。点画线和双点画线的首末两端应是线段而不是短画。

(4)在较小的图形上绘制点画线或双点画线有困难时,可用细实线代替。

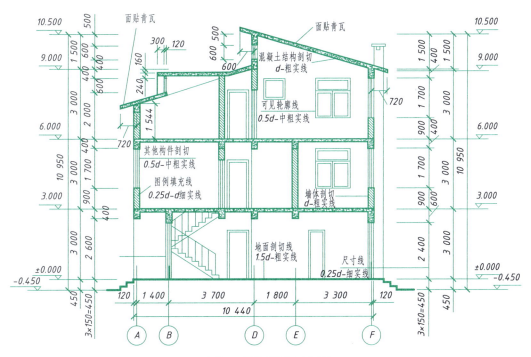

建筑工程图线及线宽应用示例

图1-7 图线画法

> **本节思考**
>
> 我们已初步了解了工程图样绘制的相关制图标准,可该用何种工具绘制工程图样呢?

第4节 制图工具

正确使用绘图工具是保证绘图质量和提高绘图速度的一个重要方面。因此,必须养成正确使用绘图工具的良好习惯。常用绘图工具有:图板、丁字尺、三角板、圆规、分规、铅笔等。同时随着计算机技术的不断发展并广泛应用于各个领域。计算机以其大容量、高运行速度、高精确度的特点,迅速成为绘制工程图样的一种高效快捷的工具,制图工具的演变如图1-8所示。

(a)手工绘图工作台

(b)CAD工作台

(c)可视化协同图形工作站

图1-8 制图工具的演变

1. 图板、丁字尺和三角板

图板、丁字尺和三角板一般应联合使用(图1-9)。画图时,应将图纸固定在图板上。让丁字尺的尺头紧靠着图板左侧的导边,利用尺身自左至右画水平线。上下移动丁字尺可画一系列互相平行的水平线。三角板除了直接用来画直线外,配合丁字尺可画铅垂线和其他角度的倾斜线。

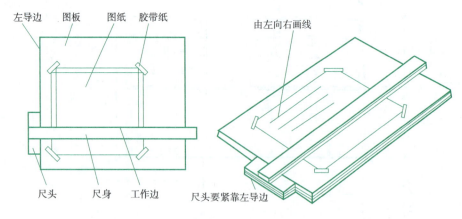

(a)图板和丁字尺使用

图1-9 制图工具的使用

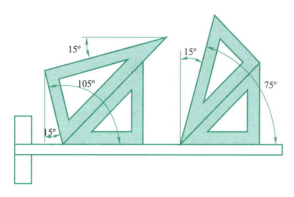

（b）配合丁字尺可画铅垂线和其他角度的倾斜线

图 1-9　制图工具的使用（续）

2. 圆规与分规

圆规是画圆和圆弧的工具。使用前应先调整针脚,使针尖略长于铅芯。需说明一点,为了保证图面质量,圆规上的铅芯应比画直线用的铅芯软一号。分规是量取线段或等分线段用的工具,分规两脚的针尖并拢后应能对齐。圆规、分规的使用如图 1-10 所示。

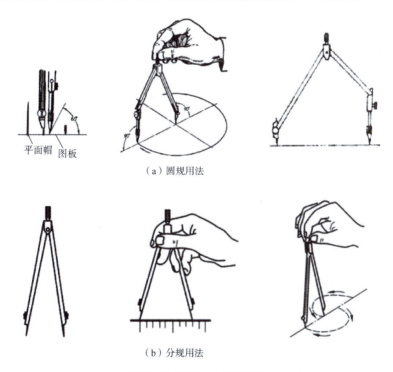

（a）圆规用法

（b）分规用法

图 1-10　圆规、分规的使用

3. 铅笔

铅笔一般分为 H～6H,HB 和 B～6B 共 13 种规格。H 前数字越大,铅芯越硬,B 前数字越大,铅芯越软。绘图时打底稿推荐用 H（或 HB 型号铅笔,加深图线或写字推荐用 HB（或 B）,

圆规用推荐 B(或 2B)。在削铅笔时,铅芯伸长 6~8 mm 为宜,一般磨成圆锥形,也可磨成扁平形(图 1-11)。

种类	用途	软硬代号	削磨形状	示意图
铅笔	画细线	2H 或 H	圆锥	
铅笔	写字	HB 或 B	钝圆锥	
铅笔	画粗线	B 或 2B	截面为矩形的四棱柱	
圆规用铅芯	画细线	H 或 HB	楔形	
圆规用铅芯	画粗线	2B 或 3B	正四棱柱	

图 1-11　铅笔用法

除以上介绍的工具外,手工绘图还需要直尺、比例尺、曲线板、擦图片、橡皮以及描图使用的鸭嘴笔、针管笔、刀片等工具(图 1-12)。

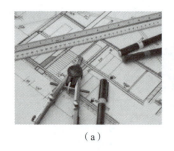
(a)

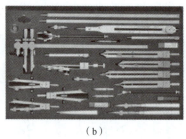
(b)

(c)

图 1-12　各种绘图工具

4. 计算机硬件系统

硬件是计算机的物理组成部分,是 CAD 技术的物质基础,主要由系统硬件和外围设备组成。系统硬件主要包括中央处理器(CPU)、内部存储器(RAM)、外部存储器(硬盘)、图形显示卡、显示器、键盘和鼠标等。外围设备通常包括各种外部存储设备(U 盘、可擦写 CDROM)、打印机、绘图仪等。因为 CAD 技术主要处理的是较为复杂的图形图像单元,因此,CAD 系统对硬件的配置有较高的要求,硬件的质量及其与软件的兼容性都将直接影响图形的制作速度。

用计算机进行 CAD 图形绘制时,都能体会计算机运行速度对设计创作的重要性。影响图形图像操作速度的主要因素是计算机的中央处理器、主板、内存和硬盘。就拿硬盘来说,CAD 系统除需要较大的硬盘空间外,更要求访问硬盘的速度要快。访问速度取决于硬盘的磁头、转速和缓存等方面因素。近几年,固态硬盘等产品有逐步取代传统硬盘的趋势,其寻道时间可以轻易达到 0.1 ms 甚至更低,各种计算机如图 1-13 所示。

（a）联想PC　　　　　　（b）苹果iMac　　　　　　（c）惠普Z820

图 1-13　各种计算机

除了计算机运行速度外,图形图像的显示质量及刷新速度也是影响 CAD 系统的关键要素。我们都知道显示器大、分辨率高,在制图时就需要频繁的缩放图形,而提高制图的效率。对于普通的 CAD 二维图形绘制来说,现行的多数显卡可以满足要求,但若进行三维制作或更为高端的图形三维可视化设计,则需要专业图形显卡,从某种程度上来说,在图形操作过程方面,专业显卡的重要性甚至超过了 CPU。

图形图像的输出是设计成果的最终体现,图形图像输出质量的好坏也是 CAD 技术运用成败的关键。根据用途不同,CAD 技术的图形图像输出主要种类有:绘制打印、多媒体素材(图像、动画等)、幻灯片、四色胶片及印刷等,其中运用最为广泛的是图形图像的打印输出,常见的是激光彩色打印机、喷墨绘图仪及近几年发展迅速的 3D 打印机,惠普图形工作站如图 1-14 所示。

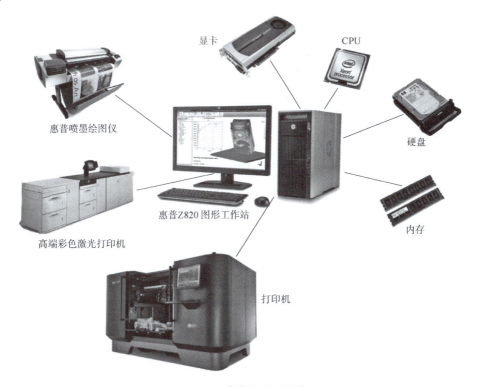

图 1-14　惠普图形工作站

本节思考

介绍了手工绘图的基本工具及计算机硬件系统,我们就可以绘制图形了吗?肯定不行,我们还要知道绘制图形的基本方法及了解相关 CAD 系统的应用软件。

第 5 节 常用计算机三维辅助软件介绍

目前相关设计、制造、建造行业在产品的设计及交流媒介方面都已不再使用图板,而使用各种二维/三维软件绘图或编制零件的加工工艺流程,这是设计和工艺上的一次重大飞跃。CAD/CAM/CAE 技术的推广应用已取得了可喜成绩。但是必须清醒地认识到,从二维手工绘图到二维计算机绘图,仅仅是绘图工具的进步——用计算机、打印机代替了图板、铅笔和纸,表达设计对象的基本原理和方法并无任何新意。这种方法实际上是先由设计师将已构思成熟的三维实体用二维图形表达出来,而讨论、审查设计方案的人,以及从事制造的人再运用投影几何的规则对这种片面的、局部的二维图形进行综合,想象出设计者的原有意图,实际整个过程中经历了从整体到局部、再从局部到整体的两次转换。其次,用二维软件绘制的图形只能在懂得机械制图的人之间进行交流,读懂这种二维视图是需要专门学习的,这就大大限制了它的应用范围;同时,各行各业的核心是产品,体现和保存产品信息的载体是图纸及其工艺文件。现如今 CAD/CAM/CAE 技术、并行技术、虚拟制造技术等各种先进制造技术以及信息化管理已成为企业提高竞争能力和生存能力的有效手段。作为企业核心技术的产品数据如果仍然用二维 CAD 技术来体现、共享和保存,已经远远不能满足要求,因为它不足以支持这些先进制造技术的实施。而三维 CAD 技术正是在这种需求推动下的产物。经过近几年的发展,目前市场上已相继推出多种不同原理和风格的绘图软件(表 1-6)。

表 1-6 各种绘图软件

软件类型	行业	核心软件	中低端	高端	应用
二维、三维设计基础软件	通用型	AutoCAD *	AutoCAD CADKEY Microstation	—	二维、三维图形绘制功能强大
三维建模渲染软件	通用型	SketchUp *	SketchUp 3D Max Design Artlantis Rhino(犀牛)	MAYA Sumatra	有强大的三维造型和图形渲染功能,用于高品质图片和动画制作
三维建模软件	建筑工程	Revit	天正 TArch 中望 CAD PKPM	ArchiCAD Revit 斯威尔 ETABS	建筑工程专用三维设计软件,采用 BIM 技术引领行业发展方向
	机械工程	SolidWorks *	SolidWorks SolidEdge Inventor 中望 3D	Pro-E CATIA UG	面向 CAM 及 CAE 技术的各种机械三维造型软件
EDA 设计工具	电子电路	Protel	MultiSIM 7 Protel Or CAD	PSPICE MATLAB	通过 ED 完成电路仿真、环境模拟、电路板设计与检测等工作

注:(1)核心软件指在我国使用最为广泛,各种参考资料最多的软件;
(2)"*"表示该软件将在课程教学和课程实践中运用

1. AutoCAD

AutoCAD 是国际上著名的二维和三维设计软件,是美国 Autodesk 公司首次于 1982 年生产的计算机辅助设计软件,用于二维绘图、详细绘制、设计文档和基本三维设计。现已经成为国际上广为流行的绘图工具。AutoCAD 有着良好的用户界面,同时拥有广泛的适应性和良好的兼容性,可以在各种 PC 系统和工作站上运行。不同软件绘图界面如图 1-15 所示。

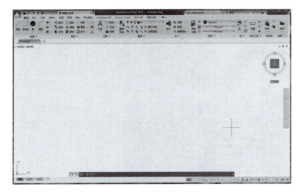
(a) AutoCAD 软件经典界面

(b) AutoCAD 绘制的建筑平面图

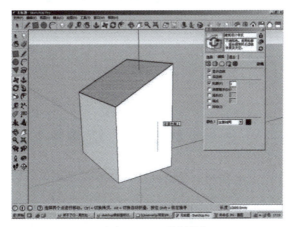
(c) SketchUp 软件界面

图 1-15 不同软件绘图界面

2. SketchUp

SketchUp 是一套直接面向设计方案创作过程的设计工具,其创作过程不仅能够充分表达设计师的思想而且完全满足与客户即时交流的需要,它使得设计师可以直接在计算机上进行十分直观的构思,是用于三维建筑设计方案创作的优秀工具。官方网站将它比喻作电子设计中的"铅笔"。它的主要特点就是使用简便,快速上手。并且用户可以将使用 SketchUp 创建的 3D 模型直接输出至 Google Earth 里。

3. SolidWorks

SolidWorks 是一套 CAD/CAE/CAM/PDM 桌面集成系统,是基于 Windows 平台的全参数化特征造型软件,套件包括三维建模、数据管理、设计交流、网页发布、动画工具和高级渲染。它的四个专家系统(草图专家、特征专家、装配专家、公差专家)使应用变得简单,同时提供与其家族有限元分析软件 Cosmos 的无缝接口,如图 1-16 所示。

图 1-16　SolidWorks 软件界面

本节思考

相关行业的各种 CAD 软件众多,各软件功能强大,同时学习也需花费大量时间,软件学习方面有何捷径吗?

小　　结

(1)在工程技术中,工程图样不仅是现代生产中重要的技术文件,也是进行技术交流的重要工具,所以工程图样有"工程界的语言"之称。

(2)1795 年法国科学家蒙日系统地提出了以投影几何为主线的画法几何学,把工程图的表达和绘制高度规范化,从而使得画法几何学成为工程图的"语法"。

(3)以计算机图形学为基础的计算机辅助设计(CAD)技术,推动了几乎所有领域的设计革命。

(4)新时代,CAD 技术也正向着信息化、集成化和网络化的方向发展,尤其是工程信息模型技术的出现,使原有 CAD 软件中的点、线、面单一图元向三维模型可视化、模型附带真实信息以及智能整合相关信息等转化,为工程技术的发展带来巨大变革,成为 CAD 技术发展历程中一个重要的里程碑。

(5)对任何一个从事工程领域方面工作的人来说,无论是设计者、管理者、决策者,还是具体实施工程的操作员、工艺技师和工程师,掌握一定的工程图学基础是十分必要的。同时也要认识到,了解工程图的分类及相关应用领域是十分必要。

(6)国家制订了绘制图样的一系列标准,对图样的画法作了严格的统一规定,包括图幅、图框、标题栏,比例,字体,线型等,在绘制图样时必须严格遵守国家标准的规定,以充分发挥图样的语言功能。

(7)正确使用绘图工具是保证绘图质量和提高绘图速度的一个重要方面。因此,必须养成正确使用绘图工具的良好习惯。常用绘图工具有:图板、丁字尺、三角板、圆规、分规、铅笔等。同时随着计算机技术本身的不断进步和其应用领域的不断拓展,其成为绘图的新型工具。

(8)相关行业的各种CAD软件众多,为了便于学习我们提出核心软件及核心模块概念,本课程学习应初步掌握AutoCAD、SketchUp及SolidWorks软件的基本使用方法。

问题

(1)在工程技术发展过程中,工程图起到什么作用?
(2)《周礼·考工记》中记载有矩、规、绳、悬、水等测绘工具的具体功能是什么?
(3)查找资料,论述《营造法式》在我国建筑发展史的地位与作用?
(4)"画法几何学"的核心思想是什么?
(5)CAD技术的产生带来行业发展的新里程,其中什么关键技术起主导作用?
(6)从工程图的分类中能否看出建筑图样与机械图样的主要差别?
(7)我们国家的制图标准在图幅、比例和线型方面与国外的标准有差别吗?
(8)A1的图纸幅面可以裁出几张A4图纸?
(9)图板除了和丁字尺、三角板配合绘出较为标准的图形外,还有没有其他替代的手工绘制工具?
(10)计算机上操作和绘制图形,什么硬件设施最能影响其操作速度?
(11)在信息化社会,我们在学习专业知识的同时,还需要学习很多软件工具,请论述如何看待专业知识学习和软件工具学习之间的关系?

延伸素材: >>>>>>

A "图"的中国史

"图"在人类社会的文明进步和推动现代科学技术的发展的过程中发挥了重要作用。从出土文物中考证,我国在新石器时代(约一万年前),就能绘制一些几何图形和花纹,具有简单的图示能力。在《周礼·考工记》著作中,有画图工具"规、矩、绳、墨、悬、水"的记载。在战国时期就已运用设计图(有确定的绘图比例、酷似用正投影法画出的建筑规划平面图)来指导工程建设,距今已有2 400多年的历史。自秦汉起,我国已出现图样的史料记载,并能根据图样建筑宫室。了解我国古代图学的辉煌发展史,可以激发学生的爱国热情、树立为中华复兴而学习的责任和担当。

B 中国古话"没有规矩不成方圆"

孟子的《离娄章句上》中有:"没有规矩,不成方圆",反映了中国古代对作图规则已有深刻的理解和认识。这句话强调做任何事都要有一定的规矩、规则、做法。它来自木匠术语,"规"指的是圆规,木工干活会碰到打制圆窗、圆门、圆桌、圆凳等工作,古代工匠就已知道用"规"画圆了;"矩"也是木工用具,是指曲尺,所谓曲尺,并非弯曲之尺,而是一直一横成直角的尺,是木匠打制方形门窗桌凳必备的角尺。没有规和矩,当然无法做成方形或圆形的东西。后来泛指我们在做任何事情的时候都要有规矩和行为制度。国有国法,家有家规。一个家庭、一个完善组织乃至一个国家,都有自己的标准。无规矩不成方圆,以遵纪守法为荣,以违法乱纪为耻。

C 制图工具

传说大禹在治水时,陆行乘车,水行乘舟,泥行乘橇,山行穿着钉子鞋,经风沐雨,非常辛苦。他左手捏着准绳,右手拿着规矩,四处调研。大禹手里拿的"准""绳""规""矩",就是我国古代的作图工具。据可靠史料记载,早在3 200多年前我国就有了制图仪器,比文字的出现都早,其中"规"就是圆规,"矩"就是直角尺,"绳墨"是弹直线的墨斗,"垂"和"水"则是定铅直和水平的仪器。这个故事充分说明,中国古代人民的智慧是走在世界前列的。

D 国家标准与遵纪守法

土木工程制图课程有一个模块是学习建筑制图标准,《建筑制图标准》GB/T 50104—2010、《房屋建筑制图统一标准》GB/T 50001—2017就图幅、图线、图例、符号、图样画法等都有详细规定和严格要求,只有按标准要求绘制的施工图才有在专业领域的通用性和作为技术文件的权威性。在这部分知识学习当中,也教会学生要遵守校规校纪、学生守则、职业道德、法律法规等,培养法纪意识和职业道德素养,做一个遵纪守法,有良好社会公德和职业道德的人格健全的人。

第 2 章 平面几何作图基础

任何工程图样,实际都是由各种几何图形组合而成。几何图形,是根据各种已知条件,以几何学原理作图方法,用制图工具和仪器将它准确地画出来。随着计算机辅助设计技术的出现,利用 CAD 软件的命令集功能,也能准确地绘制几何图形。绘制几何图形的方法与技巧是工程图学的基础。

通过本章学习,你将重点掌握:
- 仪器绘图基本步骤
- 几何图形绘制举例
- AutoCAD 核心命令
- AutoCAD 绘图基础

第 1 节 仪器绘图基本步骤

要使图样绘得又快又好,除有一套得心应手的绘图工具并能够正确使用外,还必须掌握一定的作图方法和步骤。

(1)绘图前的准备工作

在绘图前首先应准备好图纸及各种绘图工具,包括图板、丁字尺、三角板、圆规、铅笔等,并将铅笔按用途削好;图板、丁字尺、三角板擦干净;图纸用胶带纸固定在图板左上角。

(2)绘制底稿

根据图形的大小和个数,在图框中的有效绘图区域合理布图,要求做到布图匀称。然后用 H 或 HB 铅笔将图中所有图线(剖面线除外)画出底稿。

(3)铅笔加深

为了保证成图的整洁与美观,加深时的顺序和技巧是至关重要的,建议采用下列加深顺序:

第一步:从上往下,从左往右用 B 型号铅笔加深细实线和点画线的圆及圆弧。

第二步:从上往下,从左往右用 HB 型号铅笔加深细实线和点画线的直线,其中剖面线一次画成。

第三步:从上往下,从左往右用 2B 型号铅笔加深粗实线的圆及圆弧。

第四步:从上往下,从左往右用 B 型号铅笔加深粗实线的直线。

第五步:用 HB 型号铅笔画尺寸箭头,注写尺寸数字,填写标题栏等。

在加深过程中,应经常擦干净丁字尺和三角板,尽量用干净白纸盖住已画好的图线,以避免因摩擦而使线条变模糊。

本节思考

仪器工具作图是学好工程图学的基础,也是锻炼学生细致、认真品格的方法之一,了解了仪器作图的基本步骤,能否举例说明工程中常见几何图形的绘制方法?

第 2 节　几何图形绘制举例

(1)二等分直线(图2-1)

画法:用圆规与直尺作。

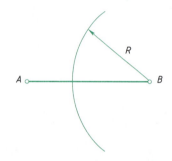 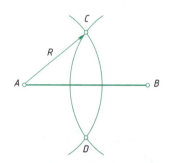 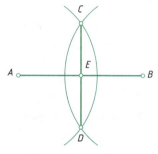

(a) 以 B 为圆心,大于 1/2AB 的长度 R 为半径作弧　　(b) 以 A 为圆心,以 R 为半径作弧,两弧交于 C、D　　(c) 连 CD,交 AB 于 E,E 为 AB 中点,CD 为垂直平分线

图 2-1　二等分直线的画法

(2)任意等分直线(图2-2)

画法:用直尺、三角板或比例尺作图。

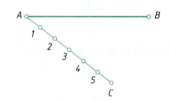  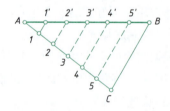

(a) 自 A 点引出直线 AC,用比例尺量取6等段　　(b) 连接 CB　　(c) 自各分点1,2,3,…,作平行于 CB,与 AB 相交于 1′,2′,3′,…即为等分点

图 2-2　任意等分直线的画法

(3)距离的等分(图2-3)

画法:用直尺、三角板或比例尺作图。

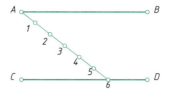

(a) 已知平行线AB和CD

(b) 将比例尺0点置于A点, 摆动尺身将刻度置于CD上, 得到各等分点

(c) 过等分点作AB平行线, 即6等分AB、CD间垂直距离

图 2-3　距离的等分画法

（4）二等分角度（图2-4）

画法：用圆规与直尺作图。

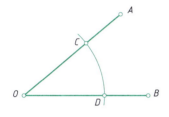
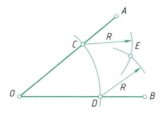
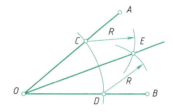

(a) 以O为圆心, 任意长为半径作弧, 交于OA、OB两线于C、D点

(b) 各以C、D为圆心, 以相同半径R作弧, 交于E点

(c) 连接O、E两点, 即为所求分角线

图 2-4　二等分角度画法

（5）正多边形（图2-5）

正三角形、正四边形、正六边形可直接利用圆规或三角板画出,此处不再叙述。这里以正七边形为例说明近似画法。

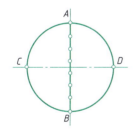
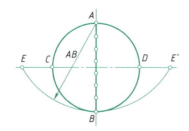
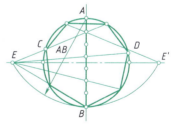

(a) 按上述方法, 7等分直径AB

(b) 以A点为圆心, 直径AB为半径作弧, 交CD延长线于E和E'

(c) 自E和E'分别与AB上奇数点相连, 并延长至圆周, 得各分点, 即可做出相似多边形

图 2-5　正多边形画法

（6）圆弧连接

在绘制工程图样时,经常遇到用圆弧来光滑连接已知直线或圆弧的情况。光滑连接也就是在连接点处相切。为了保证相切,在作图时就必须准确地作出连接圆弧的圆心和切点。

圆弧连接有三种情况:用已知半径为 R 的圆弧连接两条已知直线;用已知半径为 R 的圆弧连接两已知圆弧,其中有外连接和内连接之分;用已知半径为 R 的圆弧连接一已知直线和一已知圆弧。下面就各种情况作简要地介绍。

画法一：圆弧与两已知直线连接（图2-6）。

 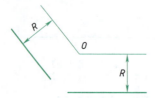 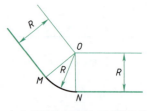

（a）已知两直线以及连接圆弧的半径R

（b）作与已知两直线分别相距为R的平行线，交点O即为连接弧圆心

（c）从圆心O分别向两直线作垂线，垂足M、N即为切点，以O为圆心，R为半径在两切点M和N之间作圆弧，即为所求连接弧

图2-6　圆弧与两已知直线连接

画法二：圆弧与两圆外连接（图2-7）。

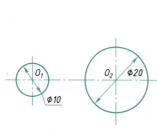 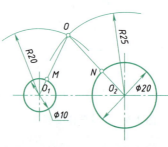 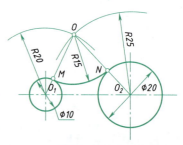

（a）已知两圆圆心O_1、O_2及其直径$\phi 10$、$\phi 20$，用半径为15的圆弧外连接两圆

（b）以O_1为圆心，R=5+15=20为半径画弧，以O_2为圆心，R=10+15=25为半径画弧，两弧的交点O即为连接弧的圆心；连接O、O_1得点M，连接O、O_2得点N，点M、N为切点

（c）以O为圆心，R15为半径画圆弧MN，MN即为所求的连接弧

图2-7　圆弧与两圆外连接

画法三：圆弧与两圆内连接（图2-8）

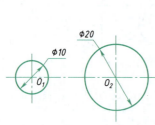 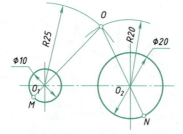 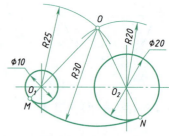

（a）已知两圆圆心O_1、O_2及其直径$\phi 10$、$\phi 20$，用半径为30的圆弧内连接两圆

（b）以O_1为圆心，R=30-5=25为半径画弧，以O_2为圆心，R=30-10=20为半径画弧，两弧的交点O即为连接弧的圆心；连接O、O_1延长得点M，连接O、O_2延长得点N，点M、N为切点

（c）以O为圆心，R30为半径画圆弧MN，MN即为所求的连接弧

图2-8　圆弧与两圆内连接

（7）椭圆画法

绘图时，除了直线和圆弧外，也会遇到一些非圆曲线。在此介绍椭圆的常用画法。

画法一:同心圆作椭圆(图2-9)

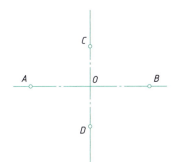
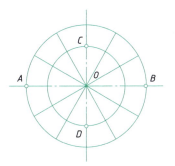

(a)已知椭圆圆心O,长轴AB和短轴CD

(b)以O为圆心,长半轴OA和短半轴OC为半径分别画圆,过圆心作若干射线与两圆相交

(c)由各交点分别作与长、短轴平行的直线,即可得到椭圆上的各点,用曲线板连接各点绘成椭圆

图2-9　同心圆作椭圆

画法二:椭圆近似画法(图2-10)

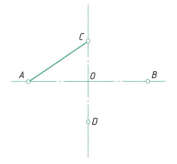
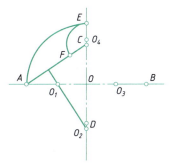
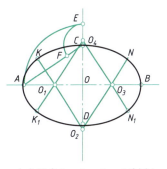

(a)已知椭圆圆心O,长轴AB和短轴CD,连长、短轴的端点A、C

(b)以O为圆心,OA为半径作弧,交CD延长线E,以C为圆心,CE半径,作弧交CA于F,作AF垂直平分线交长轴和短轴于O_1、O_2,分别取与长短轴对称的O_3、O_4

(c)以点O_1、O_2、O_3、O_4为圆心,O_1A、O_3C、O_2B、O_4D为半径作弧,这四段圆弧就近似地代替了椭圆,圆弧间的连接点为K、N、N_1、K_1

图2-10　椭圆近似画法

以上介绍了常见的平面几何作图的方法,掌握几何作图的基本方法,可以不用计算各种线段的长度以及绘制角度,利用绘图仪器工具提高工程制图的速度和准确性,同时也可以提高大家对图形的识读,为今后学习更为复杂的图形表达打下坚实的基础。

本节思考

我们学习了几何作图的几种基本方法,用 CAD 绘制是否会变得更加容易?

第3节　AutoCAD核心命令

计算机绘图是指应用绘图软件及计算机硬件(主机、图形输入与输出设备),实现图形显示、辅助绘图与设计的一项技术。就平面几何作图而言,AutoCAD 是非常适用的图形绘制软件。该软件版本不断更新,功能日趋完善,在机械、电子、建筑等领域得到了广泛的应用。

与手工绘图相比,计算机绘图具有如下优点:

(1)图形可以保存在硬盘、光盘、U 盘等储存设备中,不会污损、方便携带;

(2)修改图形容易、方便、快捷;

(3)绘图速度快,精度高;

(4)促进设计工作的规范化、系列化和标准化。

下面主要介绍 AutoCAD 软件的使用方法和常用的绘图核心命令。

1. AutoCAD 软件界面

AutoCAD 2015(以该版本为例)软件启动后,其工作界面包括"二维草图与注释""三维基础"和"三维建模"三种方式,进行平面几何作图主要采用"二维草图与注释"的工作界面,对于习惯于早期版本或更新版本的使用者,可以导出 AutoCAD 经典工作界面,基本相似。

二维草图与注释工作界面(图 2-11)中主要包括标题栏、工具栏、工具选项板、绘图区域、命令栏、状态栏等。

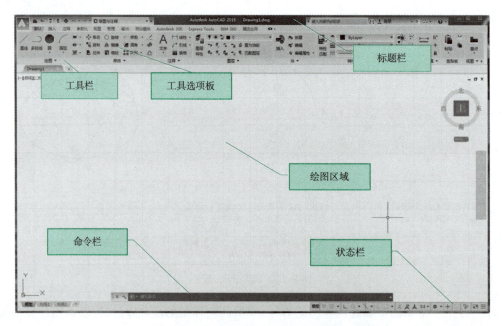

图 2-11　AutoCAD 2015"草图与注释"工作界面

标题栏:位于软件工作界面最上方,列有软件版本和当前打开的文件名称,通过标题栏还可以切换二维草图与注释、三维基础和三维建模三种工作方式。

工具栏:工具栏与选项板协同工作,是同一类常用命令的集合。可以在工具栏上单击鼠标右键,在弹出的快捷菜单中选择并激活想打开的工具栏。

工具选项板:工具选项板可以通过右键菜单进行调用,其内容也是常用命令的集合,工具选项板可以自动隐藏。

绘图区域:绘图区域占据着整个软件界面的主要部分,是绘图的工作区域。

命令栏:在绘图区域下有一个可以输入命令的区域,称为"命令行"。在 AutoCAD 中,所有的操作都可以在命令行中实现。在今后的运用中,当完成一个操作后不知道下一步该如何进行时,可以查看命令行的提示。

状态栏:状态栏位于命令行的下方,包括辅助绘图工具,如"捕捉""正交""极轴"等,利用这些辅助工具可以实现精确绘图,提高设计效率。

2. AutoCAD 命令输入方法

AutoCAD 是人机交互式软件系统,即当进行绘图操作或其他操作时,需要向 AutoCAD 发出相应命令。命令的输入归纳起来主要有选择选项板图标和在命令行直接输入两种方式。在命令行输入命令是最基本的方式。

对于发出的命令,用户可以用【Enter】键、空格键和鼠标右键进行确认,通常情况下,这三个键的作用是相同的。当执行完某一命令时,也可以通过这三个键重复执行上一个命令。

要结束一个命令的执行可以按提示进行操作,也可以按【Esc】键完成。

3. AutoCAD 精确作图

无论是用 AutoCAD 绘制还是编辑图形,都需要在绘图区域中指定一个精确的点。进行精确作图的主要方法包括点数据输入和辅助工具使用两种类型。

(1)坐标与点数据输入

在 AutoCAD 中,有直角坐标系和极坐标系两种坐标系,如图 2-12 所示。

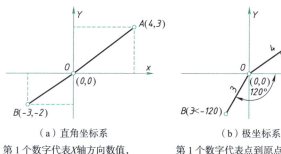

(a)直角坐标系　　　　　　　　(b)极坐标系
第1个数字代表X轴方向数值,　　第1个数字代表点到原点的距离,
第2个数字代表Y轴方向数值,　　第2个数字代表与X轴所夹角度,
中间用逗号分开　　　　　　　　中间用"<"分开

图 2-12　坐标系

直角坐标系也称为笛卡儿坐标,它运用三个轴 X、Y、Z 来表达空间定位。进行平面绘图时只用到 X、Y 平面空间定位。极坐标系使用距离和角度定位一个点,输入点的极坐标值时,必须给出从原点或前一点到该点距离,以及它与当前坐标系 XY 平面所夹的角度。

在 AutoCAD 中输入坐标值的方式分为绝对坐标输入和相对坐标输入,而按照坐标系类别又分为直角坐标输入和极坐标输入。

所谓绝对坐标指输入的点相对于坐标系原点(0,0)的数值,而相对坐标输入指点的坐标相对于前一个点的偏移值,由于仅相对于前一点有意义,因此称为相对坐标。在软件中输入相对坐标时需要在坐标值前加符号"@"。

举例:用相对直角坐标系绘制一个 7×8 的矩形,如图 2-13 所示。

(2)正交模式与距离输入(图 2-14)

单击状态栏上的"Ortho"按钮,可切换"正交"功能的打开和关闭状态。"正交"功能打开

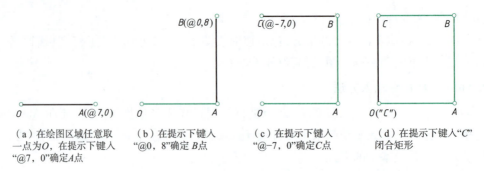

图 2-13　用相对直角坐标系绘制 7×8 的矩形

时只能在 0°、90°、180°、270°方向绘制。同时"正交"还影响编辑功能,如只能垂直或水平移动对象。"正交"与"捕捉""栅格"功能组合使用,将使绘图更简单、有效、精确。

输入坐标的一种快捷方式是距离输入。在"正交"方式下,当要指定一点时,可简单地向画线方向移动鼠标并直接输入线的长度数值。

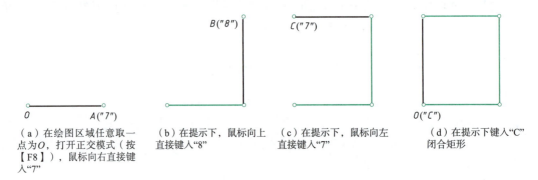

图 2-14　用正交模式与距离输入方法绘制 7×8 的矩形

(3) 辅助绘图工具

AutoCAD 除了提供绝对坐标、相对坐标、极坐标等坐标输入方式外,还提供了"栅格(Grid)""捕捉(Snap)""正交(Ortho)""对象捕捉(Osnap)""自动跟踪(AutoTrack)"等多个辅助绘图工具。这些工具有助于在快速绘图的同时保证最高的精度,从而使绘图过程更为简单易行。

4. AutoCAD 对象选择

采用 AutoCAD 绘图之所以能够提高绘图效率,主要由于软件具有强大的编辑功能。而要进行图形的编辑,则需要对编辑对象进行选择,以通知软件将对哪些图形对象进行操作,这个过程称为构造选择集。当图形对象被选择后,图形加亮显示,表明此对象已被选择。AutoCAD 提供多种选择对象的方法,这些方法不会在工具栏中显示,但可以在提示选择对象时随时使用。常见的对象选择方法有:

(1) 直接选择

当 AutoCAD 需要用户选择图形对象时,绘图区上的十字光标会变成一个活动的小框,将其称之为对象选择框,可以运用对象选择框直接选择图形对象,每次选择对象后,系统会重复出现提示,直至按【Enter】键表示接受所做的选择。若要选择多个图形对象,这种选择方式将不适用。

(2)窗口选择(图 2-15)

窗口选择是使用鼠标拖拽出一个矩形框来选择多个对象。窗口选择有两种方式,称为"W"窗口选择和"C"窗口选择。"W"窗口选择指矩形框要包含所有图形对象才能被选择,若一个图形对象仅有一部分在此矩形框中,则其对象不在此选择集中。"C"窗口选择指将选择全部在窗口区域之内或部分在窗口区域内(与窗口相交)的对象,若一个图形对象仅有一部分在此矩形框中,则其对象在此选择之中。

使用方法一:在选择对象的系统提示下,输入"W"即采用"W"窗口选择(窗口线呈实线),输入"C"即采用"C"窗口选择(窗口线呈虚线)。

使用方法二:在"选择对象"的系统提示下,直接用鼠标从左向右拖拽即是"W"窗口选择,用鼠标从右向左拖拽即是"C"窗口选择。

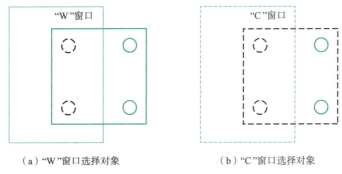

(a)"W"窗口选择对象　　(b)"C"窗口选择对象

(红色图形为被选择的图形对象)

图 2-15　窗口选择

(3)其他方式

"P"选项:AutoCAD 能记住最后一个选择集,可以用"P"直接进行调用。

"L"选项:此选项可以很方便地选择最后创建的对象。

"F"选项:选择此选项可以拖拽出一根直线,称之为"围栏",使用这种方式可以选择被围栏所穿越的对象。

(4)从选择集中删除对象

创建一个选择集后,还可以从选择集中删除某个或多个对象。

"R"选项:在"选择对象"提示下,键入"R",可转换为删除对象模式,可运用上述各种选择方式从选择集中删除所选择对象。

"A"选项:当处于"删除对象"提示下,键入"A",可转换为将选择对象加入选择集的功能。

从选择集中删除某个对象也可以在"选择对象"提示下,单击要删除的图像对象同时按【Shift】键。

5. AutoCAD 核心命令

AutoCAD 软件功能非常强大,学习并掌握该软件也需要耗费大量时间和精力。同时根据专业和今后从事工作的不同,对该软件的学习要求也不同。如果只绘制一般的平面图形,则只需掌握常用的命令即可。为此,本书提出 AutoCAD 软件学习"核心模块"的概念,即只要掌握"样板图形""图形绘制""图形编辑""图块属性""文字标注""辅助绘图"六个模块,约 40 个命令(表 2-1),就可以快速、精确地绘制各种专业平面图形。

表 2-1　各绘图模块及命令

序号	模块	命令	命令简称	功能	备注
1	样板图形	Layer*	LA	设置图层及图层颜色、线型等	
2		Dimstyle*	D	创建和修改尺寸标注样式	
3		Style*	ST	创建和修改文字样式	
4	图形绘制	Line*	L	绘制直线	
5		Pline*	PL	绘制多义线	带有弧线功能
6		Polygon	POL	绘制多边形	
7		Rectangle	REC	绘制矩形	
8		Arc*	A	绘制圆弧	有 11 种画法
9		Circle*	C	绘制圆	
10		Ellipse	EL	绘制椭圆	
11		Donut*	DO	绘制圆环	可画实心圆柱
12		BHatch	BH	填充图案	图例有效画法
13	图形编辑	Erase	E*	删除图形对象	
14		Copy	CP*	拷贝图形对象	
15		Move	M*	移动图形对象	也可拷贝图形对象
16		Rotate	RO*	旋转图形对象	
17		Scale	SC	缩放图像对象	
18		Mirror	MI*	镜像图形对象	
19		Array	AR*	阵列图形对象	分为矩形和环形阵列
20		Offset*	O	偏移图形对象	
21		Trim*	TR	修剪图形对象	可以与 Extend 协同使用
22		Extend	ET	延伸图形对象	可以与 Trim 协同使用
23		Stretch*	S	拉伸图形对象	只能用"C"窗口选择
24		Break	BR	删除或打断图形对象	
25		Fillet*	F	倒圆角	可连接不相交直线
26		Chamfer	CHA	倒直角	可连接不相交直线
27		Explode*	EXP	分解实体或图块	
28		PEdit*	PE	编辑多义线	
29	图块属性	Block*	B	定义图块	
30		Insert*	I	插入图块	
31		Wblock*	W	将图块写入图形文件	其他图形文件可以使用
32		Attdef*	ATT	定义属性	
33	文字标注	Mtext	MT	多行文字书写	
34		Dtext*	DT	单行文字书写	
35		Ddedit*	DDE	编辑文字	
36		DIM*		尺寸标注合集	可使用工具栏

第 2 章 平面几何作图基础

续表

序号	模块	命令	命令简称	功能	备注
37	辅助制图	Zoom*	Z	缩放图形显示	
38		Pan	P	平移图形显示	
39		UCS*		定义用户坐标系	
40		Dist*	DI	量测两点间距离	
41		List	LI	显示图像对象的基本属性	
42		Area*		量测面积	
43		Divide*	DIV	均分图形对象	

注:"*"表示该命令的使用率较高,应熟记该命令的各种使用方法。

本节思考

你知道如何运用核心绘图及编辑命令来绘制常见的几何图形吗?

第 4 节　AutoCAD 绘图基础

本节主要介绍运用上述图形绘制及图形编辑的核心命令来绘制常见的几何图形,并与手工绘图做比较,然后通过绘制一个较为复杂的组合图形,来说明 AutoCAD 强大的图形绘制和编辑功能。至于设置样板图形、文字与标注等其他模块的内容将在后续章节中讲述。

1. 几何图形绘制举例

(1)二等分直线(图 2-16)

运用的命令:Line,中点(Mid)捕捉。

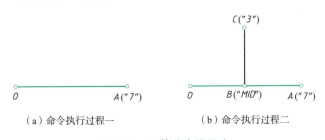

(a)命令执行过程一　　(b)命令执行过程二

图 2-16　二等分直线画法

(a)命令:LINE

　　　　(键入"L"执行 Line 命令)

指定第一个点:

(任意指定一点 O,打开正交模式)

指定下一点或[放弃(U)]:7

(鼠标右移,直接输入"7"指定 A 点)

指定下一点或[放弃(U)]:

（按【Enter】键结束命令）

(b) 命令:LINE

（再按【Enter】键,重新执行"Line"命令）

指定第一个点:MID

（输入"MID"执行中点捕捉指定 B 点）

指定下一点或[放弃(U)]:3

（鼠标上移,直接输入"3"指定 C 点）

指定下一点或[放弃(U)]:

（按【Enter】键结束命令）

(2) 距离的等分(图 2-17)

运用的命令:"Line""Block""Divide"和"端点(End)捕捉"。

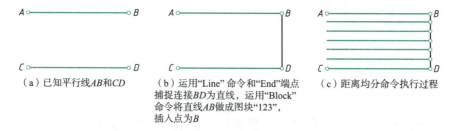

(a) 已知平行线AB和CD　　(b) 运用"Line" 命令和"End"端点　　(c) 距离均分命令执行过程
捕捉连接BD为直线,运用"Block"
命令将直线AB做成图块"123",
插入点为B

图 2-17　距离等分画法

执行过程:

命令:DIVIDE

（执行"Divide"命令）

选择要定数等分的对象:

（选择 BD 直线）

输入线段数目或[块(B)]:B

（键入"B"执行图块操作）

输入要插入的块名:123

（输入图块名称,按【Enter】键）

是否对齐块和对象？ ＜Y＞:N

（不考虑图块与图形对象对齐）

输入线段数目:6

（将 BD 直线用横向线均分 6 等分）

(3) 二等分角度(图 2-18)

运用的命令:"Line""Arc",以及"中点(Mid)""接近点(Nea)"和"端点(End)捕捉"。

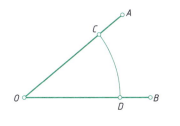
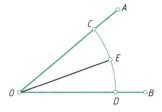

（a）命令执行过程一　　　　　　（b）命令执行过程二

图 2-18　二等分角度画法

(a) 命令:"ARC"

　　　　　　　　　　　　　　（执行"Arc"命令绘制圆弧）

指定圆弧的起点或[圆心(C)]:C

　　　　　　　　　　　　　　（键入"C",先指定圆弧中点）

指定圆弧的圆心:END

于

　　　　　　　　　　　　　　（输入"END"执行端点捕捉指定 O 点）

指定圆弧的起点:NEA

到

　　　　　　　　　　　　　　（输入"NEA"执行接近点捕捉在 OB 线上指定一点 D）

指定圆弧的端点 NEA

到

　　　　　　　　　　　　　　（输入"NEA"执行接近点捕捉在 OA 线上任意指定一点,圆弧交于 C）

(b) 命令:"Line"

　　　　　　　　　　　　　　（执行"Line"命令绘制直线）

指定第一个点:MID

于

　　　　　　　　　　　　　　（输入"MID"执行中点捕捉在 CD 弧上指定点 E）

指定下一点或[放弃(U)]:END

于

　　　　　　　　　　　　　　（输入"END"执行端点捕捉选择 O 点）

指定下一点或[放弃(U)]:

　　　　　　　　　　　　　　（按【Enter】结束命令）

(4) 正多边形和椭圆（图 2-19）

在 AutoCAD 中,正多边形和椭圆都由直接的绘图命令绘出,非常简单。绘制正多边形主要通过指定圆心和边数,运用内接于圆或外接于圆的方法绘制,也可通过指定边长和边数来绘制。

图 2-19　正多边形和椭圆画法

正多边形命令(Polygon)外接圆执行过程：

命令:POLYGON

　　　　　　　　　　　　　　　　　　（执行"Polygon"命令绘制正多边形）

输入边数<4>:7

　　　　　　　　　　　　　　　　（输入"7"绘制正七边形）

指定正多边形的中心点或[边(E)]:

　　　　　　　　　　　　　　（指定某一点作为正七边形的圆心点）

输入选项[内接于圆(I)/外切于圆(C)]<I>:C

　　　　　　　　　　　　　（输"C",执行外接圆绘制正多边形方式）

指定圆的半径:10

　　　　　　　　　　　　　　（输入"10",指定外接圆半径为10）

(5)圆弧连接

以已知圆弧半径值连接两条直线,在AutoCAD软件中操作非常简单,执行"Fillet"命令,设置半径值,然后选中圆弧连接的两条直线即可。这里以下图为例说明圆弧与两已知圆弧内外接的画法。

画法一:圆弧与两圆外连接(图2-20)。

运用的命令:"Circle"命令的切点选项;"Trim"。

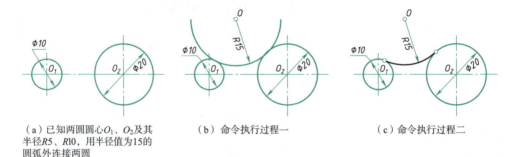

（a）已知两圆圆心O_1、O_2及其半径$R5$、$R10$,用半径值为15的圆弧外连接两圆
（b）命令执行过程一
（c）命令执行过程二

图2-20　圆弧与两圆外连接

过程一:

命令:CIRCLE

　　　　　　　　　　　　　　　　　　（执行"Circle"命令绘制圆）

指定圆的圆心或[三点(3P)/两点(2P)/切点、切点、半径(T)]:T

　　　　　　　　　　　　　　（键入"T",以切点选项绘图）

指定对象与圆的第一个切点:

　　　　　　　　　　　　　　（在半径值为5的圆上任选一点）

指定对象与圆的第一个切点:

　　　　　　　　　　　　　　（在半径值为10的圆上任选一点）

指定圆的半径 <3.000 0>:15

　　　　　　　　　　（输入"15"指定切圆的半径值,并按【Enter】键结束命令）

过程二：
命令:TRIM
（执行"Trim"命令进行剪切编辑）
选择剪切边…
选择对象或＜全部选择＞:找到 1 个
（选择半径值为 5 的圆）
选择对象:找到 1 个,总计 2 个
（选择半径值为 10 的圆）
选择对象:
选择要修剪的对象,或按住【Shift】键选择要延伸的对象,或［栏选(F)/窗交(C)/投影(P)/边(E)/删除(R)/放弃(U)］:
（选择半径值为 15 的圆多余部分并按【Enter】键结束命令）

画法二:圆弧与两圆内连接(图 2-21)

直接用"Circle"命令的切点选项只能绘制与两圆外连接的圆弧,与两圆内连接的画法与尺规作图类似。

运用的命令:"ARC"的圆心、起点及角度画法；"Circle"和"Trim"。

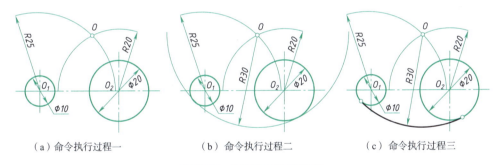

（a）命令执行过程一　　（b）命令执行过程二　　（c）命令执行过程三

图 2-21　圆弧与两圆内连接

命令:ARC
（执行"Arc"命令绘制圆弧）
指定圆弧的起点或［圆心(C)］:C
（键入"C",以指定圆心方法绘圆弧）
指定圆弧的圆心:CEN
于
（键入"CEN",捕捉直径为 10 的圆求得圆心）
指定圆弧的起点:25
（保证在正交模式下,鼠标向右指定距离为 25）
指定圆弧的端点或［角度(A)/弦长(L)］:A
（键入"A",求得圆弧的角度）
指定包含角:90
（输入"90"指定角度为 90 度,并按【Enter】键结束命令,同样方
　法绘制以半径为 20 的另一段圆弧,并交于 O 点）

命令:CIRCLE

(执行"Circle"命令绘制圆弧)

指定圆的圆心或[三点(3P)/两点(2P)/切点、切点、半径(T)]:INT

(键入"Int",捕捉 O 点,作圆心)

指定圆的半径或[直径(D)]0.000 0>:30

(指定圆的半径值为30,绘制圆0并按【Enter】键结束命令)

命令:TRIM

(执行"Trim"命令进行剪切编辑)

选择剪切边…
选择对象或<全部选择>:找到 1 个

(选择半径为 5 的圆)

选择对象:找到 1 个,总计 2 个

(选择半径为 10 的圆)

选择对象:

选择要修剪的对象,或按住【Shift】键选择要延伸的对象,或[栏选(F)/窗交(C)/投影(P)/边(E)/删除(R)/放弃(U)]:

(选择半径为 30 的圆多余部分并按【Enter】键结束命令)

2. AutoCAD 复杂图形绘制

上述内容介绍了利用 AutoCAD 命令绘制一些基本几何图形的方法,可以看出只要合理运用相关命令,使用 AutoCAD 软件比手工绘图简便快捷。实际上,使用 AutoCAD 绘制图形的过程中,要生成复杂的图形主要是重复利用 AutoCAD 的图形编辑功能。以图2-22 为例我们来说明其图形基本绘制及编辑方法。

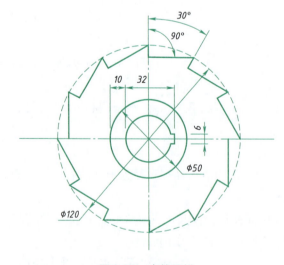

图 2-22 齿轮图样

步骤一:画棘轮轮齿(图2-23)。
运用的命令:"Circle""Line""Trim""Erase"和"Array"。

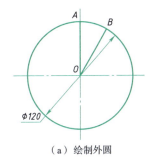 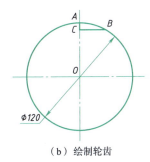 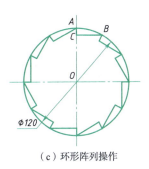

(a) 绘制外圆　　　　　　(b) 绘制轮齿　　　　　　(c) 环形阵列操作

图 2-23　轮齿画法

(a)

命令:CIRCLE

（执行"Circle"命令绘制圆弧）

指定圆的圆心或［三点(3P)/两点(2P)/切点、切点、半径(T)］:

（任意指定一点作为圆心）

指定圆的半径或［直径(D)］<1.5>:d

（键入"d"，指定直径）

指定圆的直径<3.0>:120

（指定圆的直径为120）

命令:LINE

（执行"Line"命令绘制直线）

指定第一个点:cen

于

（键入"cen"，捕捉圆的圆心作直线起点 O）

指定下一点或［放弃(U)］:qua

于

（键入"qua"，捕捉圆的四分点 A 绘制 OA 直线）

指定下一点或［放弃(U)］:

（按【Enter】键结束命令）

命令:LINE

（执行"Line"命令绘制直线）

指定第一个点:end

于

（键入"end"，捕捉直线起点 O）

指定下一点或［放弃(U)］:@ 60<60

（极坐标输入数值，绘制 OB 直线）

指定下一点或［放弃(U)］:

（按【Enter】键结束命令）

(b)
命令:LINE

(执行 Line 命令绘制直线)

指定第一个点:end
于

(键入"end",捕捉 B 点为直线起点)

指定下一点或[放弃(U)]:per
于

(键入"per",捕捉 OA 垂线于 C 点)

指定下一点或[放弃(U)]:

(按【Enter】键结束命令)

命令:TRIM
当前设置:投影=UCS,边=无

(执行"Trim"命令执行剪切编辑)

选择剪切边…
选择对象或<全部选择>:找到 1 个

(选择 BC 直线为剪切线)

选择对象:

(按【Enter】键结束选择剪切线)

选择要修剪的对象,或按住【Shift】键选择要延伸的对象,或
[栏选(F)/窗交(C)/投影(P)/边(E)/删除(R)/放弃(U)]:

(选择 OC 段修剪成为 AC 直线)

选择要修剪的对象,或按住【Shift】键选择要延伸的对象,或
[栏选(F)/窗交(C)/投影(P)/边(E)/删除(R)/放弃(U)]:

(按【Enter】键结束命令)

命令:ERASE

(执行【Erase】命令执行删除编辑)

选择对象:

(选择删除 OB 直线,并按【Enter】键结束命令)

(c)
命令:-ARRAY

(执行-"Array"阵列命令)

选择对象:指定对角点:找到 2 个

(选择 AC、BC 直线)

选择对象:

(按【Enter】键结束选择)

输入阵列类型[矩形(R)/环形(P)]<R>:p

(键入"P",执行环形阵列方式)

指定阵列的中心点或[基点(B)]:cen

于

(键入"cen",捕捉圆的圆心作阵列基点)

输入阵列中项目的数目:12

(输入阵列的数目)

指定填充角度(+=逆时针,-=顺时针)<360>:

(按【Enter】键默认旋转360°)

是否旋转阵列中的对象?[是(Y)/否(N)]<Y>:

(按【Enter】键默认绕基点进行环绕复制,并结束命令)

步骤二:画键槽(图2-24)。

运用的命令:"Circle""Line""Trim""Erase"和"Array"。

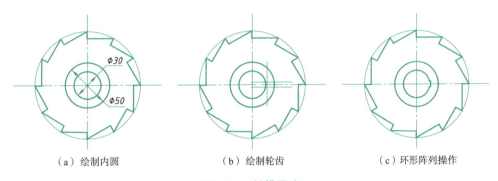

(a)绘制内圆　　　(b)绘制轮齿　　　(c)环形阵列操作

图2-24　键槽画法

(a)命令:CIRCLE

(执行"Circle"命令绘制圆弧)

指定圆的圆心或[三点(3P)/两点(2P)/切点、切点、半径(T)]:CEN

(键入"Cen"捕捉O点,作圆心)

指定圆的半径或[直径(D)]<1.5>:d

(键入"d",指定直径)

指定圆的直径<3.0>:50

(指定圆的直径为50)

命令:CIRCLE

(执行"Circle"命令绘制圆弧)

指定圆的圆心或[三点(3P)/两点(2P)/切点、切点、半径(T)]:CEN

(键入"CEN"捕捉O点,作圆心)

指定圆的半径或[直径(D)]<1.5>:d

(键入"d",指定直径)

指定圆的直径<3.0>:30

(指定圆的直径为30)

(b)命令:OFFSET

当前设置:删除源=否 图层=源 OFFSETGAPTYPE=0

(执行"Offset"命令进行偏移编辑)

指定偏移距离或[通过(T)/删除(E)/图层(L)]<1.700 0>:3

(输入偏移距离为3)

选择要偏移的对象,或[退出(E)/放弃(U)]<退出>:

(选择通过圆心的水平线向上偏移3)

指定要偏移的那一侧上的点,或[退出(E)/多个(M)/放弃(U)]<退出>:

(选择通过圆心的水平线向下偏移3)

选择要偏移的对象,或[退出(E)/放弃(U)]<退出>:

(按【Enter】键结束命令)

命令:

OFFSET

当前设置:删除源=否 图层=源 OFFSETGAPTYPE=0

(按【Enter】键重新执行 Offset 命令)

指定偏移距离或[通过(T)/删除(E)/图层(L)]<2.000 0>:17

(输入偏移距离为17)

选择要偏移的对象,或[退出(E)/放弃(U)]<退出>:

(选择通过圆心的垂直线向右偏移17)

指定要偏移的那一侧上的点,或[退出(E)/多个(M)/放弃(U)]<退出>:

(按【Enter】键结束命令)

(c)命令:TRIM

(执行"Trim"命令进行剪切编辑)

选择剪切边…

选择对象或<全部选择>:找到4个

(选择直径30的圆及偏移出得直线)

选择对象:

(按【Enter】键结束选择界线)

选择要修剪的对象,或按住【Shift】键选择要延伸的对象,或[栏选(F)/窗交(C)/投影(P)/边(E)/删除(R)/放弃(U)]:

(选择按上述图形的多余部分并按【Enter】键结束命令)

小 结

（1）任何工程图样，实际都是由各种几何图形组合而成。

（2）在绘图前首先应准备好图纸及各种绘图工具，包括图板、丁字尺、三角板、圆规、铅笔等。

（3）根据图形的大小和个数，在图框中的有效绘图区域合理布图，然后用2H或H铅笔将图中所有图线（剖面线除外）画出底稿。

（4）为了保证成图的整洁与美观，一般按从上到下的顺序加深图形；在加深过程中，应经常擦干净丁字尺和三角板，尽量用干净白纸盖住已画好的图线，以避免摩擦而使线条变模糊。

（5）掌握二等分直线、任意等分直线、距离的等分、二等分角度、正多边形绘制、各种圆弧连接、近似椭圆绘制等基本尺规几何作图方法。

（6）计算机绘图是指应用绘图软件及计算机硬件（主机、图形输入与输出设备），实现图形显示、辅助绘图与设计的一项技术。就平面几何作图而言，AutoCAD是非常适用的图形绘制软件。

（7）AutoCAD软件启动后，其经典工作界面包括"二维草图与注释""三维基础"和"三维建模"三种方式，进行平面几何作图主要采用"二维草图与注释"的工作界面。

（8）当进行绘图操作或其他操作时，需要向AutoCAD发出相应的命令。命令的输入方式主要有选择选项板和在命令行直接输入命令两种。在命令行输入命令是最基本和最有效的方式。

（9）在AutoCAD中输入坐标的方式分为绝对坐标输入和相对坐标输入，而按照坐标系类别又分为直角坐标输入和极坐标输入。所谓绝对坐标指输入的点以坐标系原点（0,0）计算；而相对坐标输入指点的坐标与前一个点的偏移值，由于仅相对于前一点有意义，因此称为相对坐标。输入相对坐标时需要在坐标值前加符号"@"。

（10）在AutoCAD中进行图形的编辑，则需要对编辑对象进行选择，选择的常用方法主要包括直接选择，"W"窗口选择和"C"窗口选择，采用"P"选项，"L"选项和"F"选项。

（11）本书提出AutoCAD软件"核心模块"的概念，只要掌握"样板图形""图形绘制""图形编辑""图块与属性""文字与标注""辅助绘图"六个模块，约40个命令，就可以快速、精确地绘制各种专业平面图形。

（12）掌握运用AutoCAD软件进行二等分直线、任意等分直线、等分距离、二等分角度、绘制正多边形、各种圆弧连接、绘制近似椭圆等基本尺规几何作图方法。

问题

（1）简述尺规作图与AutoCAD软件作图之间的差别和优缺点对比。

（2）AutoCAD软件如何实现精确作图？

（3）在AutoCAD软件进行图形编辑时需要先做什么？

（4）自定义图形尺寸大小，用尺规作图的方式绘制下列各图形。

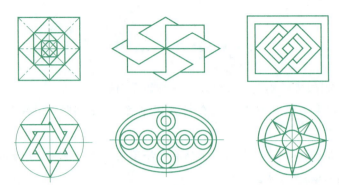

(5) 自定义图形尺寸大小,用 AutoCAD 软件绘制下列各图形。

> **延伸素材:** >>>>>>

绘图层次递进与事物认知

从图样的形成和发展过程中,我们可以体会到物质运动是绝对的、永恒的,发展作为物质运动的一种形式是事物运动变化的总趋势和总方向。图样的发展和绘图的步骤都经历了从简单到复杂,从低级到高级,前进上升的过程,这些都体现了事物认识的客观规律,也教会学生在生活中认真踏实,按照循序渐进的方式解决问题;提高了学生理论联系实际、认识分析、解决问题的能力。

第 3 章 投影的基本知识

工程图样作为"工程技术界的语言",是如何表达设计思维,完成工程与产品信息的表达、交流与传递?众所周知,空间形体在光线的照射下,会在地面或墙面上得到形体的影子,影子可以粗略反映空间形体的形状与大小。根据这一自然现象,经过科学抽象总结,通过投影的方法可将空间三维形体在二维平面上表达出来,所得图形称为投影。本章主要介绍投影的基本知识,如图 3-1 所示。

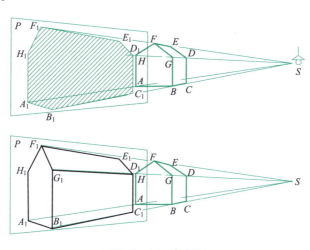

图 3-1 影子与投影

通过本章学习,你将重点掌握:
- 各种投影法及其工程应用
- 平行投影的特性
- 三面正投影图的特性

第 1 节 投影法的分类及工程应用

1. 投影的概念

形体在光源 S 的照射下,会在平面上形成图像。如图 3-2 所示光源 S 称为投射中心,光线 SA, SB,…称为投射线,承受图像的平面 H 称为投影面,形体在平面 H 上的图像称为形体的投影。这种形成形体投影的方法称为投影法。工程上的各种图样,就是依据投影法绘制的。工程上常用的投影法分为中心投影法和平行投影法两大类。

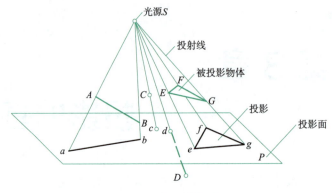

图 3-2　投影的概念

2. 中心投影法及工程应用

所有投射线均由投射中心(光源 S)发出称为中心投影法[图 3-3(a)]。由于中心投影法各投射线对投影面的倾角不同,因而中心投影不能反映物体的真实形状和大小,但投影效果有立体感。

如图 3-3(b)所示,在建筑工程中常利用中心投影法绘制建筑物的投影图,称为透视图。透视图与人们日常观看物体所得的形象基本一致,符合近大远小的视觉效果,显得十分逼真。但这种投影方法的绘图过程比较繁杂,而且建筑物各部分的真实形状和大小在图形中无法反映和度量。工程上常用透视图作为建筑物外部和内部的效果图。

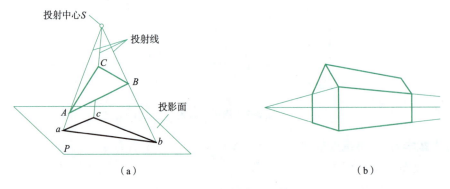

图 3-3　中心投影法及透视图

3. 平行投影法及工程应用

将光源 S 移至无穷远处,所有投射线相互平行,称为平行投影法。按照投射线与投影面是否垂直,平行投影法又分为平行斜投影法和平行正投影法。投射线垂直于投影面时得到的平行投影称为正投影[图 3-4(b)];投射线倾斜于投影面时得到的平行投影称为斜投影[图 3-4(a)]。由于平行投影法各投射线相互平行,当形体的平面与投影面平行时,其投影能够反映该平面的真实形状和大小。

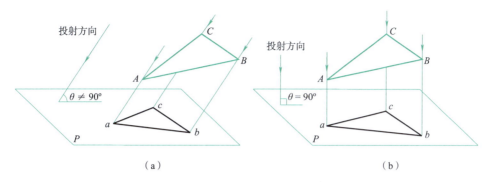

图 3-4 平行投影法

在工程中,利用平行投影法将空间形体连同确定该形体位置的直角坐标系一起沿不平行于任一坐标平面的方向投射到某一投影面上得到的投影图,称为轴测投影图(图 3-5)。根据正投影法得到形体的轴测图称为正轴测图,根据斜投影法得到形体的轴测图称为斜轴测图。轴测图是一种单面投影图,图形有一定的立体感,在特定条件下还可以反映部分形体的真实形状和大小,但轴测投影图的作图过程比较麻烦,所以在很多情况下仅作为工程辅助图样。

采用正投影法将空间形体分别投影到两个或多个相互垂直的投影面上,并按一定的规律将投影组合在一起而得到的多面投影图,称为正投影图(图 3-6)。正投影图缺乏立体感,但这种投影图能够反映空间形体各主要侧面的形状和大小,绘图也较为简便,所以在工程中应用最为广泛。

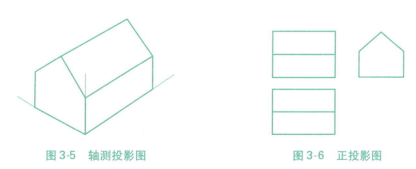

图 3-5 轴测投影图　　　　　　图 3-6 正投影图

本节思考

采用不同的投影法可以得到透视图、轴测图和正投影图,哪一种投影法与工程实际联系最为紧密?哪一种投影法是我们的学习重点?

第 2 节　平行投影的特性

(1)真实性

当直线和平面平行于投影面时,其投影可反映直线的实长和平面的实形,如图 3-7 所示。

(2)积聚性

当直线、平面或柱面垂直于投影面时,直线的投影积聚为点,而平面和柱面的投影则积聚为线(直线或曲线),如图 3-8 所示。

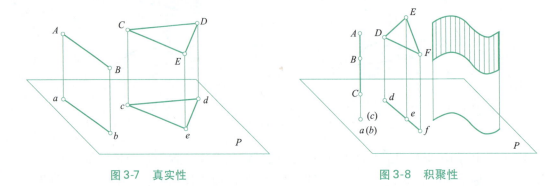

图 3-7　真实性　　　　　　　　　图 3-8　积聚性

(3)类似性

当直线或平面倾斜于投影面时,直线段的投影仍为直线段,但其长度小于直线的实长;平面的投影将成为小于该平面实形的类似性(n 边形的投影仍是一个 n 边形),如图 3-9 所示。

(4)平行性

空间平行的两条直线,其在同一投影面上的投影一定相互平行,如图 3-10 所示。

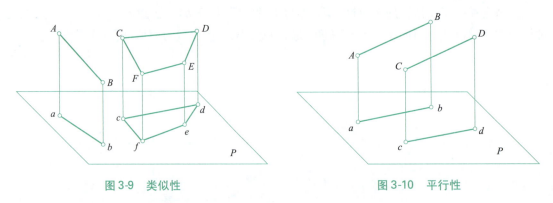

图 3-9　类似性　　　　　　　　　图 3-10　平行性

(5)从属性

①点如果在直线上,则该点的投影一定在该直线的同面投影上。

②点如果在平面上,则该点的投影必在该平面内的一条直线的同面投影上。

③如果某一条直线在某一个平面上,则其必然通过该平面上的两点,或过该平面上的一点且平行于该平面内的另一直线。

正投影法的从属性如图 3-11 所示。点 M 在直线 AB 上,点的投影 m 在直线的投影 ab 上;点 N 在平面 CDE 上,其投影即在平面上直线 CF 的投影 cf 上,平面上直线 CF 过平面上的已知点 C 和点 N。

(6)等比性

点分线段之比,等于点的投影分线段的投影之比;空间平行的两线段之比,等于其相应的投影之比。

如图 3-12 所示,直线 $AB/\!/CD$,则其投影 $ab/\!/cd$;点 M 分直线 CD 所成的两段之比,等于点

的投影 m 分直线的投影 cd 所成的两段之比，即

$$\frac{CM}{MD} = \frac{cm}{md}$$

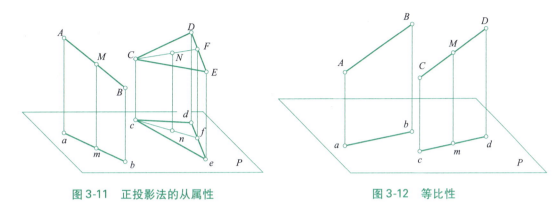

图 3-11　正投影法的从属性　　　　　　图 3-12　等比性

本节思考

平行投影的特性是后续研究基本几何元素和立体投影的基础，如何根据平行投影的特性绘制形体的正投影图？

第 3 节　三面正投影图

形体的单面投影不能确定空间形体的形状（图 3-13），形体的两面投影在有些情况下也不能唯一确定空间形体的形状（图 3-14）。所以，三面投影图在工程实践中的应用最为广泛。选择三个相互垂直的平面组成一个三面投影体系，三个平面分别称为水平投影面（简称水平面或 H 面）、正立投影面（简称正面或 V 面）、侧立投影面（简称侧面或 W 面）。三投影面的交线 OX、OY、OZ 称为投影轴。空间形体放置在三面投影体系中，在水平投影面上的投影称为水平投影（简称 H 投影）、在正立投影面上的投影称为正面投影（简称 V 投影）、在侧立投影面上的投影称为侧面投影（简称 W 投影）。

为了绘图方便需要将空间三个投影面展开成一个平面（图 3-15）。展开时 V 面不动，将 H 面绕 OX 轴向下旋转 90°，W 面绕 OY 轴向右旋转 90°。此时 OY 轴一分为二，在 H 面上的记为 OY_H 轴，在 W 面上的记为 OY_W 轴。这样，空间形体的三个投影图也随之旋转至同一平面，水平投影在正面投影的下方，侧面投影在正面投影的右方。

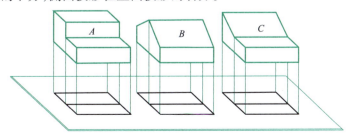

图 3-13　单面投影相同的形体举例

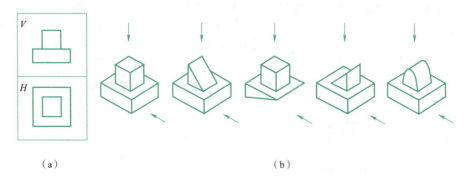

（a）　　　　　　　　　　　　　　　　（b）

图 3-14　两面投影相同的形体举例

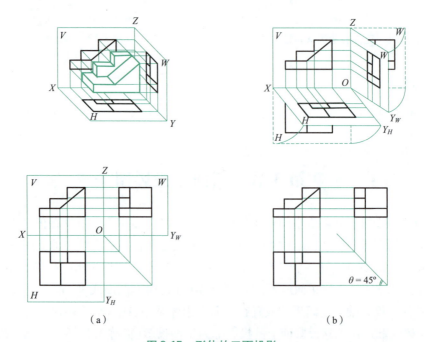

（a）　　　　　　　　　　　　　　　　（b）

图 3-15　形体的三面投影

对一般形体来说，相互垂直的三个投影视图足够确定其形状和大小，故 H、V、W 三面投影称为基本投影，H 面、V 面、W 面三个投影面称为基本投影面。形体的三面投影图可以反映形体的上、下、前、后、左、右的方位关系。H 面投影反映形体的前、后、左、右的关系；V 面投影反映形体的上、下、左、右的关系；W 面投影反映形体的前、后、上、下的关系。在形体的三面投影之间还有一定的联系：H、V 两面投影长度相等，左右对正，称为"长对正"；V、W 两面投影高度相等，上下平齐，称为"高平齐"；H、W 两面投影宽度相等，前后对应，称为"宽相等"。"长对正、高平齐、宽相等"是三面投影图的规律（图 3-16）。上述投影规律对形体的整体、局部、每个面、每条线、每个点都适用，所以，绘图时，可画铅垂线以保证 H、V 两投影等长；可画水平线以保证 V、W 两投影等高；利用 45°辅助线或圆弧线以保证 H、W 两投影等宽。

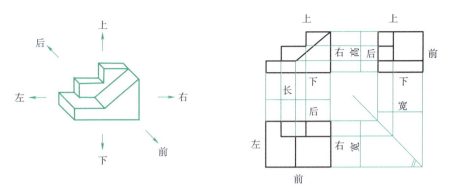

图 3-16　形体三面投影的规律

●●● 小　　结 ●●●

（1）通过投影的方法可将空间三维形体在二维平面上表达出来,所得图形称为形体的投影。

（2）根据投影中心位置的不同,投影法分为中心投影法和平行投影法两大类。平行投影法又分为平行斜投影和平行正投影。工程上常用的透视图是通过中心投影法而得到的;借助平行投影法可得到形体的轴测图和正投影图。

（3）平行投影的真实性、积聚性和类似性是研究正投影图的基础。

（4）采用正投影法将空间形体分别投射到三个相互垂直的投影面上,并按一定的规律将投影展开而得到的投影图,称为三面正投影图。正投影图是工程中应用最为广泛的投影图。

（5）在三面正投影体系中,三个投影面分别称为水平投影面、正面投影面和侧面投影面,形体的三个投影分别称为：水平投影、正面投影和侧面投影。形体的三面投影图可以反映形体的上、下、前、后、左、右的方位关系。"长对正、高平齐、宽相等"是三面投影图的投影规律。

问题

（1）投影基于影子这一自然现象而产生,投影与影子有何区别？

（2）常用的投影法有哪些？根据不同的投影法得到的形体的投影图有何异同？它们在工程中有何应用？你能根据形体的投影图分辨出它由什么投影法而得到吗？

（3）平行投影有哪些投影特性？与绘制形体的投影图有何关系？

（4）三面正投影图是工程制图的基础。什么叫三面正投影体系和三面正投影图？三面正投影图有哪些投影规律？

延伸素材：>>>>>>

清代年希尧《视学》

清代年希尧,博才多闻,在数学和美术方面多有造诣。雍正初年撰写《视学》,不久认为首版"终不免于肤浅"。补五十多幅图,并佐以解说,于1735年再版。书中所用术语,有的至今沿用不废,如"地平线""视平线"等。此后1799年被誉为画法几何学奠基人的法国数学家蒙日才出版了《画法几何学》,此书比蒙日的著作早60多年。

第 4 章　点线面的投影

任何物体的表面都可看成是由点、线、面所组成。因此,基本几何元素点、直线、平面的图示方法与投影性质是表达物体形状的重要基础。按照由浅入深、循序渐进的原则,本章将依次讲述点、直线、平面的投影规律和特性。

通过本章学习,你将重点掌握:
- 点的投影规律及两点的相对位置关系
- 各种位置直线的投影特性
- 直线上点的投影特性
- 各种位置平面的投影特性
- 平面上点和直线的投影特征

第 1 节　点的投影规律及两点的相对位置

1. 点的三面投影图

如图 4-1(a)所示,设在三投影面中有一个点 A,过点 A 分别向三个投影面投射,即得到点 A 在三个投影面上的投影,如图 4-1(b)所示;展开摊平后即得点的三面投影图,如图 4-1(c)所示。

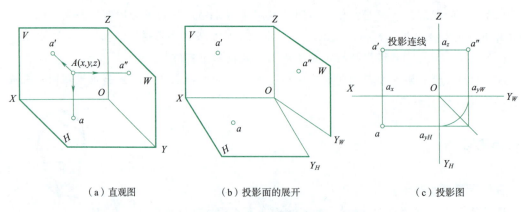

(a) 直观图　　(b) 投影面的展开　　(c) 投影图

图 4-1　点的三面投影图

规定:空间点用大写字母 $A, B, C \cdots$ 标记。在 H 面上的投影用相应的小写字母 $a, b, c \cdots$ 标记,在 V 面上的投影用相应的小写字母并在右上角加一撇,如 $a', b', c' \cdots$ 标记,在 W 面上的投影则加两撇,如 a'',b'',$c''\cdots$ 标记(图 4-1)。

点 A 在 H 面上的投影 a,称为点 A 的水平投影;点 A 在 V 面上的投影 a',称为 A 的正面投影;点 A 在 W 面上的投影 a'',称为点 A 的侧面投影。

2. 点在三面投影体系中的投影规律

如图 4-2(b)所示,点的相邻两个投影的连线,必定垂直于投影轴。点 A 在 H 面上的投影 a 和 V 面上的投影 a' 的连线垂直于 OX 轴,即 $aa' \perp OX$ 轴。点 A 的正面投影 a' 与侧面投影 a'' 的连线垂直于 OZ 轴,即 $a'a'' \perp OZ$。

点的投影到投影轴的连线长度,分别等于点到三个投影面的距离而且两两相等。空间点 A 的水平投影到 OX 轴的距离和侧面投影到 OZ 轴的距离,都等于空间点 A 到 V 面的距离,故:$aa_x = a''a_z$。

综上所述,点的三面投影规律为:

(1)点的水平投影和正面投影的连线垂直 OX 轴,即 $aa' \perp OX$。

(2)点的正面投影和侧面投影的连线垂直 OZ 轴,即 $aa'' \perp OZ$。

(3)点的水平投影到 OX 轴的距离等于点的侧面投影到 OZ 轴的距离,即 $aa_x = a''a_z$。

$a'a_x = aa_{yH} = $ 点 $A \xrightarrow{\text{到}} W$ 面距离;$a''a_x = aa_x = $ 点 $A \xrightarrow{\text{到}} V$ 面距离;$a'a_x = a''a_{yW} = $ 点 $A \xrightarrow{\text{到}} H$ 面距离。

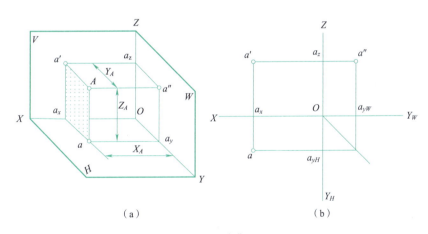

$a'a \perp OX \quad a'a'' \perp OZ$

图 4-2 点的三面投影规律

3. 点的投影与直角坐标的关系

由图 4-3(a)可知,A 点的空间位置,由它分别到三个投影面的距离所确定。如把三投影面体系当作直角坐标系,则 A 点对应的分别到 W、V 和 H 面的距离即为 A 点的直角坐标 x、y 和 z。空间一点的位置,也可用该点的直角坐标表示,如 A 点记作 $A(x_A, y_A, z_A)$。

由图 4-3(b)可以看出 A 点的直角坐标 x_A, y_A, z_A 与其在三个面的投影的关系。

A 点的水平投影 a 由 x_A 与 y_A 两坐标确定;正面投影 a' 由 x_A 与 z_A 两坐标确定;侧面投影 a'' 则由 y_A 与 z_A 两坐标确定。点的任何两个投影可反映点的三个坐标,即能唯一确定该点的空间位置。根据点的投影规律,也可由点的任何两个投影求出其第三投影。

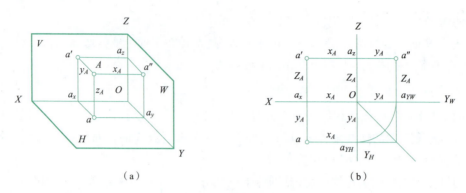

图 4-3 点的投影与直角坐标

例1 已知点 $A(15,12,10)$,求作其三面投影图。

解:根据点的投影与其坐标的关系,作图步骤如图 4-4 所示。

（1）画出投影轴并作出各轴的标记后,在 OX 轴上自 O 点向左量 15 mm 得 a_x,如图 4-4（a）所示。

（2）过 a_x,作 OX 轴的垂线,并自 a_x 向下量取 12 mm 得 a,向上量取 10 mm 得 a',如图 4-4（b）所示。

（3）由 a 和 a' 并利用 45°辅助线作出 a'',即完成 A 点的三面投影图如图 4-4（c）所示。

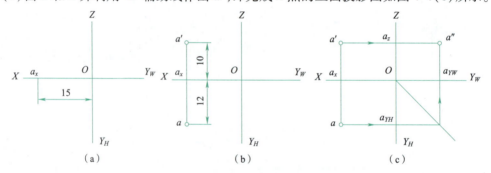

图 4-4 由点的坐标作点的三面投影

例2 已知 B 点的正面投影 b' 和侧面投影 b'',求作其水平投影 b[图 4-5（a）]。

解:根据点的三面投影规律,$bb' \perp OX$ 轴,故 b 必在过 b' 所作 OX 轴的垂线上；又因 b 至 OX 轴的距离等于 b'' 至 OZ 轴的距离,故使 $bb_x = b''b_z$,即可定出 b 的位置,作图方法如图 4-5（b）所示。也可以利用 45°斜线来完成,如图 4-5（c）所示。

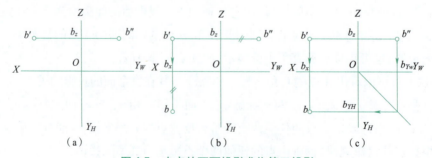

图 4-5 由点的两面投影求作第三投影

4. 特殊位置点的投影

空间点在投影面上、在投影轴上以及在原点时，其投影图有一定的特殊性，表 4-1 列举出几种特殊位置点的投影图。

表 4-1 特殊位置点的投影图

位置	图例	投影图特征
在投影面上	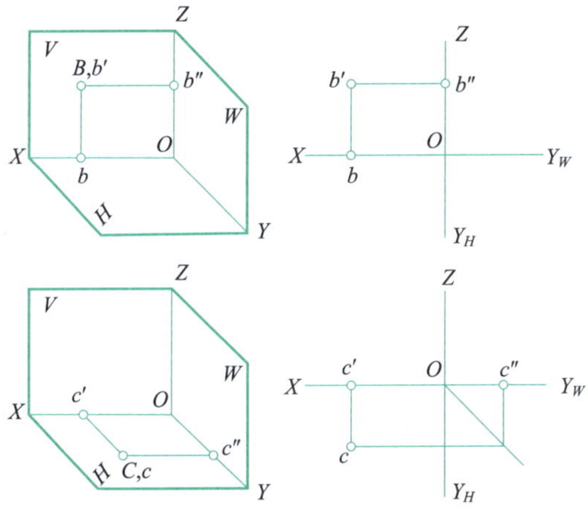	点的一个坐标值为零；点的一个投影在点所在的投影面上，与空间点重合；另两个投影在投影轴上
在投影轴上	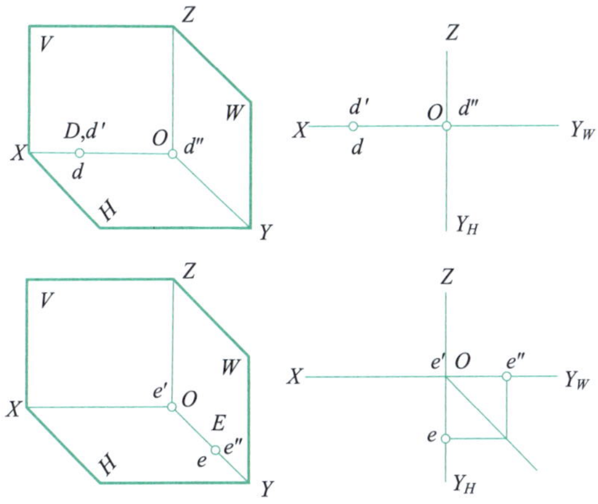	点的两个坐标值为零；点的两个投影在投影轴上，与空间点重合；另一投影与原点重合

注：在原点上的点，三个坐标值都为零；点的三个投影与空间点都重合在原点上。

5. 两点的相对位置

两点间的相对位置是指空间两点之间上下、左右、前后的位置关系。

根据两点的坐标，可判断空间两点间的相对位置。两点中，x 坐标值大的在左；y 坐标值大的在前；z 坐标值大的在上。在图 4-6(a)中，$x_A > x_B$，则点 A 在点 B 之左；$y_A > y_B$，则点 A 在点 B 之前；$z_A > z_B$，则点 A 在点 B 之上。即：点 A 在点 B 之左、前、上（左前上）方，或者：点 B 在点 A 之右、后、下（右后下）方，如图 4-6(b)所示。

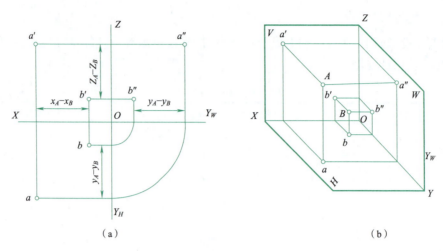

(a)　　　　　　　　　　　　　　(b)

图 4-6　两点的相对位置

6. 重影点及其可见性

属于同一投射线上的点,在该投射线所垂直的投影面上的投影重合为一点,空间的这些点,称为该投影面的重影点。在图 4-7(a)中,空间两点 A、B 属于垂直于 H 面的一条投射线,则点 A、B 称为 H 面的重影点,其水平投影重合为一点 $a(b)$。同理,点 C、D 是垂直于 V 面的重影点,其正面投影重合为一点 $c'(d')$。

当空间两点在某投影面上的投影重合时,其中必有一点的投影遮挡另一点的投影,这就出现了重影点可见性问题。在图 4-7(b)中,点 A、B 为 H 面的重影点,由于 $z_A > z_B$,点 A 在点 B 的上方,故 a 可见,b 不可见(点的不可见投影加括号表示,如图 4-7 所示)。同理,点 C、D 为 V 面的重影点,由于 $y_C > y_D$,点 C 在点 D 的前方,故 c' 可见,d' 不可见。

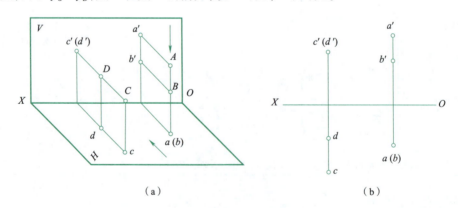

(a)　　　　　　　　　　　　　　(b)

图 4-7　重影点及其可见性

显然,重影点是那些两个坐标值相等,第三个坐标值不等的空间点。因此,判断重影点的可见性,可根据它们不等的那个坐标值来确定,即坐标值大的可见,坐标值小的不可见。

例 3　已知 A 点的三面投影[图 4-8(a)],另一点 B 在 A 点左方 10 mm,后方 8 mm,下方 12 mm,求作 B 点的三面投影。

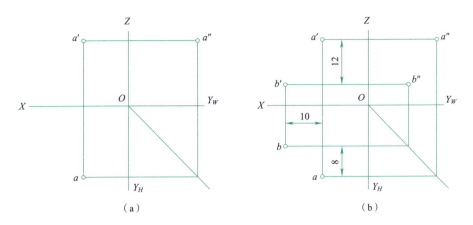

图4-8 根据两点相对位置作另一点的投影

解：作图步骤如下。

(1) 在 a' 左方 10 mm，下方 12 mm 处确定 b'。

(2) 作 $b'b \perp OX$，且在 a 后方 8 mm 处确定 b。

(3) 按投影关系确定 b''。所得 b、b' 和 b'' 即为所求。

例 4 对照几何形体的轴测图 [图 4-9(a)]，在其三视图 [图 4-9(b)] 上标出 A,B,C,D 四点的投影，并判别它们的可见性。

解：由图 4-9(a) 可知，A,B,C,D 四点都在几何形体的棱线上。因此，只要在三视图中确定相应棱线的投影，并按各点的位置即可定出它们的投影。从图中还可看出，A,B 两点是对 H 面的重影点；A,C 两点是对 V 面的重影点；D,C 两点是对 W 面的重影点。重影点的重合投影按规定的观察方向即可作出可见性判别。本题的解答如图 4-9(c) 所示。

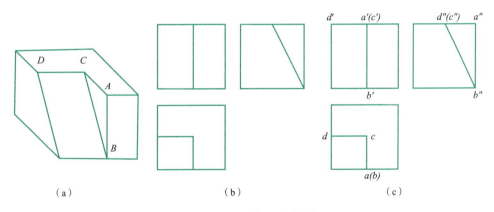

图4-9 由几何形体作出点的投影

本节思考

了解了点的投影特性及空间两点的相对位置关系，那么直线的投影是怎样的? 空间任一条直线与投影面有几种不同的位置关系?

第 2 节　各种位置直线的投影特性

1. 直线的投影

两点确定一直线。因此，将直线上两点在同一投影面（简称同面）上的投影用直线连接，即得直线的投影。如图 4-10(a) 所示，先作出直线上两端点的投影，则两端点的同面投影连线为直线的投影，如图 4-10(b) 所示。

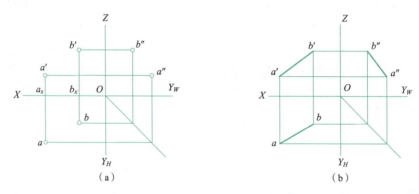

图 4-10　直线的投影图和直观图

2. 各种位置直线的投影特性

根据直线在投影面体系中对三个投影面相对位置不同，可将直线分为一般位置直线（如图 4-11 中立体上的 BC 线）、投影面平行线（如图 4-11 中立体上的 AB 线）和投影面垂直线（如图 4-11 中立体上的 AD 线）三类。其中，后两类统称为特殊位置直线。

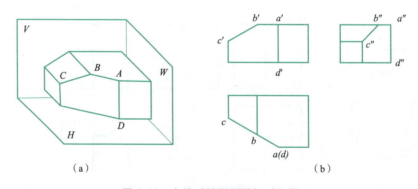

图 4-11　直线对投影面的相对位置

1）一般位置直线

与三个投影面都倾斜的直线称为一般位置直线，如图 4-12 所示。

一般位置直线与其投影之间的夹角为直线对该投影面的倾角，直线对于三个投影面 H、V、W 的倾角分别用 α、β、γ 表示。如图 4-12 所示，角 α 是直线 AB 与其水平投影 ab 之间的夹角，也即 AB 对 H 面的倾角。同理，角 β 是直线 AB 对 V 面的倾角，角 γ 是该直线对 W 面的倾角。

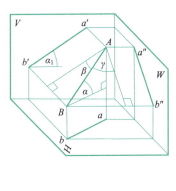 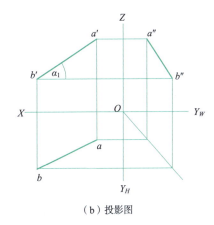

（a）直观图　　　　　　　　　　　　（b）投影图

图 4-12　一般位置直线

一般位置直线的投影特性：

（1）直线的三面投影都倾斜于投影轴，它们与投影轴的夹角，均不反映直线对投影面的倾角；

（2）直线的三面投影的长度都短于实长。

根据上述投影特征，如果已知直线的两面投影，均与投影轴倾斜，就可判断直线为一般位置直线。

2）投影面的平行线

平行于一个投影面与另外两个投影面倾斜的直线称为投影面平行线。

投影面平行线又分为三种，即：

平行于 H 面，而与 V、W 面倾斜的直线称为水平线；

平行于 V 面，而与 H、W 面倾斜的直线称为正平线；

平行于 W 面，而与 H、V 面倾斜的直线称为侧平线，如表 4-2 所示。

表 4-2　投影面的平行线的投影特性

水平线	正平线	侧平线

续表

投影面平行线的投影特性

投影面平行线在三个面的投影都是直线,其中在与直线平行的投影面上的投影反映直线的实长,而且与投影轴倾斜,与投影轴的夹角等于直线对另外两个投影面的倾角;

另外两个投影都短于直线的实长,分别平行于相应的投影轴,且到投影轴的距离,反映空间线段到线段实长投影所在投影面的真实距离

3)投影面的垂直线

垂直于一个投影面的直线,称为投影面的垂直线。

投影面垂直线又分为三种,即:

垂直于 H 面的直线,称为铅垂线;

垂直于 V 面的直线,称为正垂线;

垂直于 W 面的直线,称为侧垂线,见表 4-3。

表 4-3 投影面垂直线的投影图例

铅垂线	正垂线	侧垂线

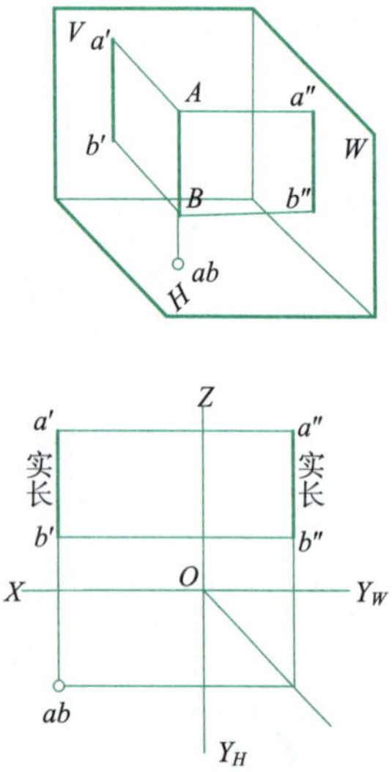

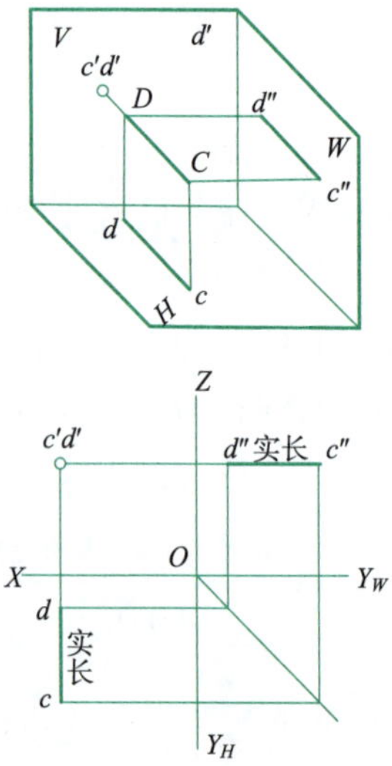

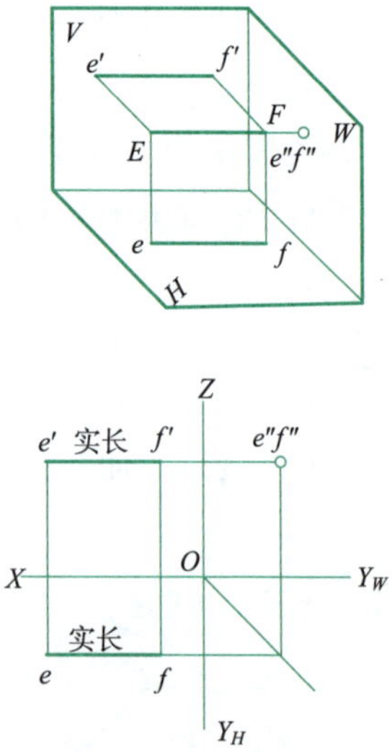

投影面垂直线的投影特征

投影面垂直线在所垂直的投影面上的投影必积聚为一个点;在另外两个面的投影都反映线段实长,且垂直于相应投影轴

本节思考

认识了一般位置直线和特殊位置直线的投影特性,在工程实践中哪种直线是常见的?直线上的点与空间任意一点的投影特性有何不同?

第 3 节 直线上点的投影特性

如图 4-13 所示,C 点位于直线 AB 上,C 点的水平投影 c 则在 ab 上,正面投影 c' 在 $a'b'$ 上,

侧面投影 c'' 则在 $a''b''$ 上，且 $AC:CB = ac:cb = a'c':c'b' = a''c'':c''b''$。

由此可知：若点在直线上，则点的各个投影必在直线的同面投影上，且点分直线的两线段长度之比等于其投影长度之比。反之，若点的各个投影在直线的同面投影上，且分直线各投影长度成相同之比，则该点必在此直线上。

在投影图上判别点是否在直线上，一般只需观察两个面的投影即可确定。但对于投影面平行线，当它给出的两个投影又都平行于投影轴时，则还需观察第三个投影或用定比作图法才能确定。

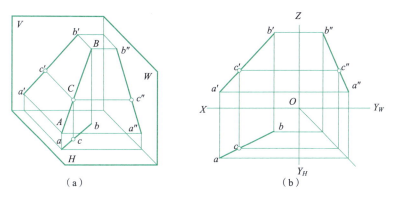

图 4-13　直线上的点

例 5　在已知直线 AB 上取一点 K，且使 $AK:KB = 2:3$，求 K 点的投影[图 4-14(a)]。

解：如图 4-14(b)所示，将直线 AB 的一个投影 ab，用几何作图的方法分 $ak:kb = 2:3$，即得 K 点的水平投影 k；然后按直线上点的投影特性在 $a'b'$ 上定出 k'，k，k' 即为所求。

例 6　已知侧平线 AB 及点 C 的两面投影，判断点 C 是否在直线 AB 上[图 4-15(a)]。

解：因给出投影中尚未明确反映出直线上点的定比关系，故可用以下两种方法作图。

方法一：如图 4-15(b)所示，作出直线 AB 和点 C 的侧面投影。因 c'' 不在 $a''b''$ 上，故知点 C 不在直线 AB 上。

方法二：如图 4-15(c)所示，用定比关系判别。过 a' 作任一辅助线，并在其上量取 $a'B_0 = ab$ 和 $a'C_0 = ac$，连 B_0b'，再过 C_0 作 B_0b' 的平行线交 $a'b'$ 于 c'_0。因 c'_0 与 c' 不重合，即 $ac:cb \neq a'c':c'b'$，故知点 C 不在直线 AB 上。

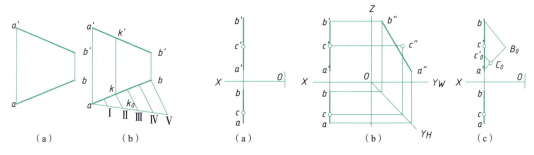

图 4-14　求 K 点的投影　　　　　图 4-15　判断点 C 是否在直线 AB 上

本节思考

研究了直线和直线上点的投影特性，平面的投影是怎样的？空间任意一个平面与投影面有几种不同的位置关系？

第 4 节　各种位置平面的投影特性

1. 平面的表示方法

通常用确定的平面上的点、直线或平面图形等几何元素的投影表示该平面的投影，如图 4-16 所示。

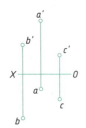 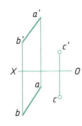 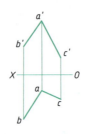 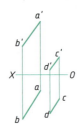 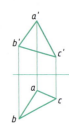

（a）不在同一直线上的三点　　（b）直线与线外一点　　（c）相交两直线　　（d）平行两直线　　（e）平面图形三角形

图 4-16　几何元素表示平面

2. 各种位置平面的投影特性

在三面投影面体系中，空间平面对投影面的相对位置可分为三类，如图 4-17 所示。

（1）投影面垂直面，垂直于某一个投影面，而倾斜于另两个投影面的平面（如图 4-17 中 P 面）。

（2）投影面平行面，平行于某一个投影面，必垂直于另两个投影面的平面（如图 4-17 中的 S 面）。

（3）一般位置平面，对三个投影面都倾斜的平面（如图 4-17 中的 Q 面）。

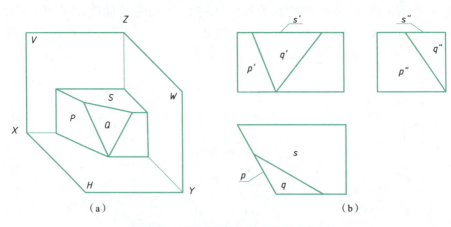

图 4-17　平面对投影面的各种相对位置

投影面垂直面和投影面平行面统称为特殊位置平面。

3. 一般位置平面

倾斜于三个投影面的平面,称为一般位置平面。

一般位置平面的各个投影均为平面的类似形,不反映实形,如图 4-18 所示。

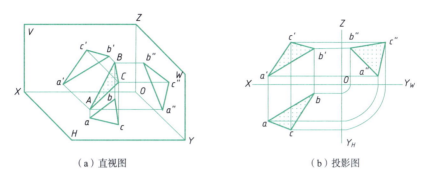

(a) 直视图 　　(b) 投影图

图 4-18　一般位置平面

4. 投影面平行面

平行于一个投影面的平面,称为投影面平行面。

一平面平行于一个投影面,必定与另外两个投影面垂直。

平行于水平面的平面称为水平面;

平行于正立面的平面称为正平面;

平行于侧立面的平面称为侧平面。

投影面平行面的投影特性(见表 4-4):

(1) 在所平行的投影面上的投影,反映实形;

(2) 在另外两个投影面上的投影分别积聚为直线,且分别平行于相应投影轴。

根据上述投影特征,只要给出平面图形的一个投影和另一个平行投影轴的积聚投影,就可判断其为投影面平行面,且平行于线框所在的投影面。

表 4-4　投影面平行面的投影图例

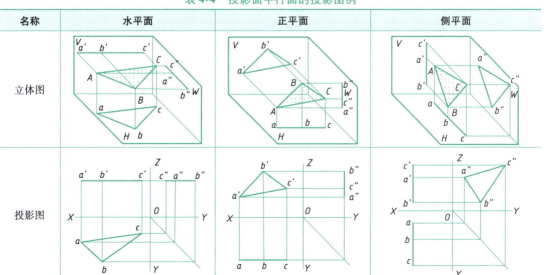

名称	水平面	正平面	侧平面
投影特性	1. 水平投影反映实形； 2. 正面投影和侧面投影积聚成直线，并分别平行于 OX 轴、OY 轴	1. 正面投影反映实形； 2. 水平投影和侧面投影积聚成直线，并分别平行于 OX 轴、OZ 轴	1. 侧面投影反映实形； 2. 水平投影和正面投影积聚成直线，并分别平行于 OY 轴、OZ 轴
	1. 平面在所平行的投影面上的投影反映实形 2. 在其他两个投影面上的投影具有积聚性，且分别平行于相应的投影轴		

5. 投影面的垂直面

垂直于一个投影面而与另外两个投影面倾斜的平面称为投影面垂直面。

垂直于水平面的平面称为铅垂面；

垂直于正立面的平面称为正垂面；

垂直于侧立面的平面称为侧垂面。

投影面垂直面的投影特征（见表4-5）：

表 4-5 投影面垂直面的投影特征

名称	铅垂面	正垂面	侧垂面
立体图			
投影图			
投影特性	1. 水平投影积聚为直线； 2. 积聚直线与 OX 轴、OY 轴的夹角分别反映了平面对 V 面、W 面的倾角； 3. 正面投影与侧面投影形状与该平面相类似	1. 正面投影积聚为直线； 2. 积聚直线与 OX 轴、OZ 轴的夹角分别反映了平面对 H 面、W 面的倾角； 3. 水平投影与侧面投影形状与该平面相类似	1. 侧面投影积聚为直线； 2. 积聚直线与 OY 轴、OZ 轴的夹角分别反映了平面对 H 面、V 面的倾角； 3. 水平投影与正面投影形状与该平面相类似
	1. 平面在所垂直的投影面上的投影为一积聚性的斜线，其与相应投影轴的夹角反映该平面与其他两个投影面的倾角； 2. 平面的其他两个投影均为小于原形的类似形		

读图时，只要给出平面图形的一个类似形线框的投影及其对应的一段斜线的积聚性投影，就可判定该平面图形为投影面垂直面，且垂直于斜线所在的投影面。

例7 已知△ABC 为正垂面,且与水平投影面的倾角 α = 45°,试完成其正面投影和侧面投影[图 4-19(a)]。

解:(1)分析。

因△ABC 为正垂面,故其正面投影积聚为一斜线段,且与 OX 轴的夹角等于△ABC 平面与 H 面的倾角 α,因此根据 α = 45°即可完成△ABC 的正面投影;然后根据已知两投影求出其侧面投影。

(2)作图。

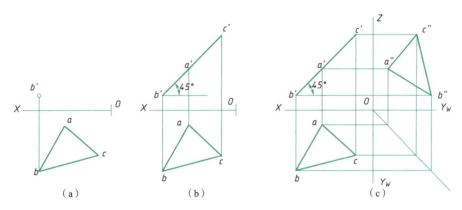

图 4-19 作侧垂面的三面投影图

① 过 b′作与 OX 轴成 45°的直线,并由 a、c 在该直线上求得 a′、c′,即完成△ABC 的正面投影,如图 4-19(b)所示。

② 由水平投影 a、b、c 和正面投影 a′、b′、c′求出侧面投影 a″、b″、c″,连接后即得△ABC 的侧面投影,如图 4-19(c)所示。

本节思考

平面上的点和直线与空间任意点和直线的投影特性有何不同?

第 5 节　平面上的直线和点

由初等几何知识可知,点和直线在平面上的几何条件是:
(1)若点位于平面上的任一直线上,则此点在该平面上。
(2)若一直线通过平面上的两点,或通过平面上的一点并平行于该平面上的另一直线,则此直线在该平面上。

1. 平面上的直线

如图 4-20(a)所示,平面 P 是由相交两直线 AB 和 BC 所确定。在 AB 和 BC 上各取一点Ⅰ和Ⅱ,则过Ⅰ,Ⅱ两点的直线定在 P 平面上,其投影图如图 4-20(b)所示。又过 AB 上的点Ⅰ作直线Ⅰ、Ⅲ平行于 BC,则ⅠⅢ也在 P 平面上,其投影图如图 4-20(c)所示。

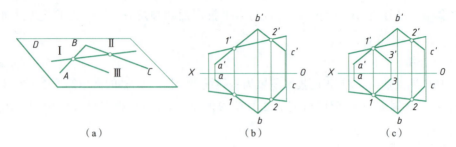

图 4-20 平面上的直线

2. 平面上的点

作平面上的点,除在平面上已知直线上直接取点的情况外,一般需在平面上先取一直线作为辅助线,然后在该直线上取点。

例 8 已知两平行直线 AB、CD 确定一平面,试判断点 K 是否属于该平面(图 4-21)。

解:若点 K 在该面上,则点 K 一定在平面的一条直线上。作平面上的辅助线 MN(mn、m'n'),先使辅助线 MN 的正面投影 m'n'经过点 K 的正面投影 k';再看点 K 的水平投影 k 是否也在辅助线 MN 的水平投影 mn 上。因为 k 不在 mn 上,所以点 K 不在辅助线 MN 上,即不属于该平面。

3. 特殊位置平面上的直线和点

在特殊位置平面上取点、直线,由于它具有积聚性的投影,故可利用积聚性作图。如图 4-22(a)所示,已知铅垂面由 P_H 给定。如要在该平面上任取直线 AB,可先在 P_H 上取水平投影 ab,再由 ab 任取正面投影 a'b' 即得。

又如图 4-22(b)所示,△ABC 为正垂面,其中 K 点的正面投影 k' 在 △ABC 具有积聚性的正面投影上,故可判定 K 点必在 △ABC 所确定的平面上。

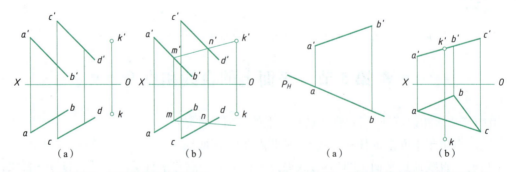

图 4-21 判断点是否在平面上   图 4-22 特殊位置平面上的直线和点

4. 平面上的投影面平行线

在平面上可取任意直线作辅助线,但在实际应用中为便于作图,常取平面上的投影面平行线用作辅助线。平面上的投影面平行线有三种,即平面上的水平线、平面上的正平线和平面上的侧平线。

在平面上作投影面平行线时,既要符合投影面平行线的投影特性,又要满足平面上直线的几何条件。

如图 4-23(a)所示,在给定的△ABC 上任作一水平线 EF。由于水平线的正面投影应平行于 OX 轴,故在△ABC 正面投影上的适当位置作 OX 轴的平行线与 a'b'和 b'c'分别交于 e'、f';然后由 e'在 ab 上求得 e,由 f'在 bc 求得 f,连接 e、f。所作 EF(ef,e'f')即为该平面上的一条水平线。

同理,可作平面上的正平线和侧平线。平面上的正平线的作图如图 4-23(b)所示。

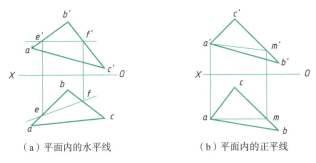

（a）平面内的水平线　　　　　　（b）平面内的正平线

图 4-23　平面上的投影面的平行线

小　　结

(1)理解认识点在三面投影体系中的投影规律,注意关注特殊位置点的投影特性。

(2)两点间的相对位置是指空间两点之间上下、左右、前后的位置关系。属于同一投射线上的点,在该投射线所垂直的投影面上的投影重合为一点,这些点称为该投影面的重影点,重影点需要判别可见性。

(3)根据直线与投影面的相对位置关系,直线可分为三大类:投影面平行线、投影面垂直线、一般位置直线。

(4)若点在直线上,则点的各个投影必在直线的同面投影上,且点分直线的两线段长度之比等于其投影长度之比。反之,若点的各个投影在直线的同面投影上,且分直线各投影长度成相同的比例,则该点必在此直线上。

(5)根据平面与投影面的相对位置关系,平面可分为三大类:投影面平行面、投影面垂直面、一般位置平面。

(6)若点位于平面上的任一直线上,则此点在该平面上。若一直线通过平面上的两点,或通过平面上的一点并平行于该平面上的另一直线,则此直线在该平面上。

(7)如果空间点和直线的投影与平面的积聚性投影重合,可直接判定该点和直线属于这个平面。

问题

(1)空间任意点与投影面上的点及投影轴上的点的投影特性有何区别?

(2)什么是重影点?如何判别重影点的可见性?

(3)投影面平行线与投影面垂直线的投影特性分别是什么?给出一条直线的两面投影图,能否确定该直线的空间位置?

(4)如果点的一面投影与直线的同面投影重合,可否判定该点属于这条直线?

(5)投影面平行面与投影面垂直面的投影特性分别是什么？给出一个平面的两面投影图，能否确定该平面的空间位置？

(6)如何判定空间点或直线属于一个平面？

延伸素材： >>>>>>

多面正投影方法与处事哲学思想

多面正投影方法说明空间中点、线、面在不同的投影面上会呈现不同的投影。这说明任何事物都有多面属性。事物可以独立存在，而属性多面呈现。任何事物都应当从各个角度去认知它，比如从长度去看就有了长短，从重量看就有了轻重，从颜色看就有了赤橙黄绿青蓝紫。同理说明，在每一件事中，是否能全面性看待决定着许许多多的成败。要想能抓住时机，就得学会多方面分析事件，要将事件里面的多面环节理解得当，这样才能乘势而上，取得胜利。

第 5 章 基本形体及面上求点

前面学习了点、线、面的投影特性,这是研究各种立体表达的基础,从本章开始,正式进入到立体部分的学习,从基本形体到组合体。本章主要讲述基本形体的投影规律和特性。

通过本章学习,你将重点掌握:
- 基本形体的三面正投影图
- 基本形体上点、线的投影特性

●●● 第 1 节 基本形体的三面正投影图 ●●●

生活中遇到的各种各样的形体其实都是由基本形体组合而成。基本形体根据其表面的几何性质可分为平面体和曲面体两类。若立体表面全部由平面所围成,则称为平面体;常见的平面体有棱柱和棱锥等。若立体表面由平面和曲面或者全部由曲面所围成,则称为曲面体;常见的曲面体有圆柱、圆锥和球等。将基本形体放入三面投影体系中,可以得到其对应的三面正投影图,见表 5-1,为常见基本形体三面投影图。

表 5-1 常见基本形体的三面投影图

名称		形体在三面投影体系中的投影	形体的三面正投影图
平面体	六棱柱	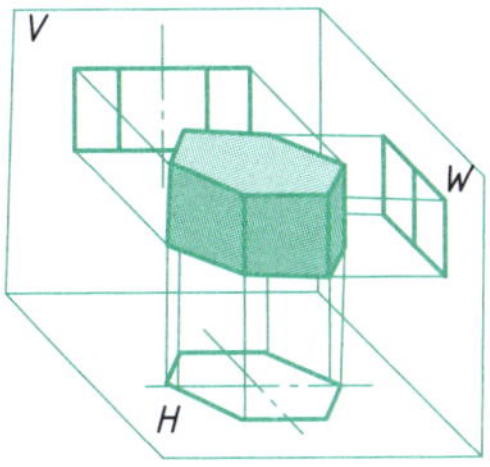	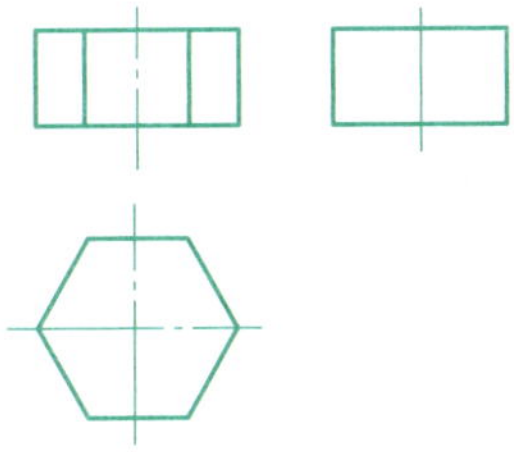
	三棱锥	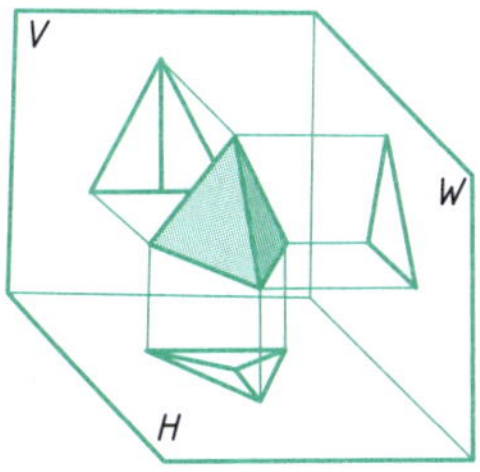	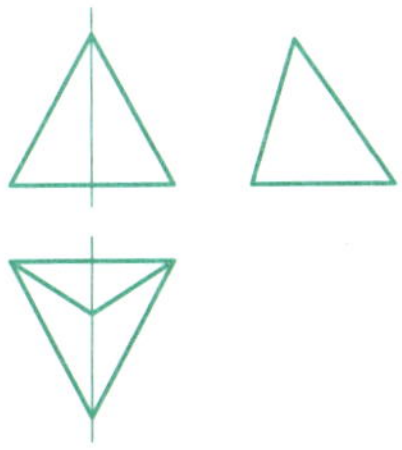

续表

名称		形体在三面投影体系中的投影	形体的三面正投影图
曲面体	圆柱		
	圆锥		
	球		

本节思考

我们已了解了基本形体的三面正投影图,形体上的点、线、面又有怎样的投影特性呢?

●●● 第 2 节 基本形体上点、线、面的投影特性 ●●●

形体的三面投影图有"长对正、高平齐、宽相等"的投影规律,故形体上每个点、每条线每个面都遵守这一投影特性。空间形体一般用大写英文字母表示(例:三棱锥 SABC),形体的 H 面投影用小写英文字母表示(三棱锥 sabc),形体的 V 面投影用小写英文字母加一撇表示(例:三棱锥 s'a'b'c'),形体的 W 投影用小写英文字母加两撇表示(例:三棱锥 s"a"b"c")。

1. 棱柱体上点、线、面的投影特性

三棱柱 ABCDEF 由 3 个棱面和 2 两个底面共同围成。其中,底面 ABC 平行于 W 面,垂直于 H 面和 V 面,其 H 面投影(abc)和 V 面投影($a'b'c'$)分别积聚为直线 abc 和直线 $a'b'c'$,W 投影($a''b''c''$)为反映底面 ABC 实形的三角形 $a''b''c''$。底面 DEF 在三面投影体系中位置与底面 ABC 基本相同,其三面投影与底面 ABC 也基本类似。棱面 ABED 平行于 H 面,垂直于 V 面和 W 面,其 V 投影($a'b'e'd'$)和 W 投影($a''b''e''d''$)分别积聚为两条直线,H 面投影(abed)为反映棱面 ABED 实形的矩形 abed。棱面 ACFD 和棱面 BCFE 垂直于 W 面,W 面投影分别积聚为两条直线;棱面 ACFD 和棱面 BCFE 与 H 面和 V 面都是倾斜关系,H 面投影(acfd 与 bcfe)和 V 面投影($a'c'f'd'$和$b'c'f'e'$)均为反映其形状的类似形。组成三棱柱 ABCDEF 的五个平面与三个投影面之间有平行关系(投影面平行面)、垂直关系(投影面垂直面)和倾斜关系(一般位置平面),但每个平面的三面投影均遵守"长对正、高平齐、宽相等"的投影规律,如图 5-1 所示。

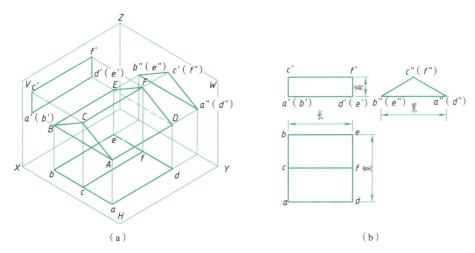

图 5-1 三棱柱的正投影

同理,三棱柱 ABCDEF 上的每条直线也遵守"长对正、高平齐、宽相等"的投影规律。如:棱线 AB 平行于 H 面和 W 面,H 面投影(ab)和 W 面投影($a''b''$)反映棱线 AB 的实长;棱线 AB 垂直于 V 面,V 投影($a'b'$)积聚为一点。H 面投影(ab)和 V 面投影($a'b'$)上下对正;V 面投影($a'b'$)和 W 面投影($a''b''$)高度平齐;H 面投影(ab)和 W 面投影($a''b''$)宽度相等。又如:棱线 BC 平行于 W 面,与 H 面和 V 面都是倾斜关系,其 W 面投影($b''c''$)反映棱线 BC 的实长,H 面投影(bc)和 V 面投影($b'c'$)为两条不反映其实长的两条直线。棱线 BC 的三面投影同样上下对正、左右平齐、前后相等。

三棱柱 ABCDEF 上的每个点同样遵守"长对正、高平齐、宽相等"的投影规律。三棱柱的每个顶点和三棱柱面上的任一点的三面投影均上下对正、左右平齐、前后相等。

例3-1 如图 5-2(a)所示,已知三棱柱棱面 BCFE 表面上的点 M 的 H 面投影(m),求其 V 面投影和 W 面投影。

解: 如图 5-2 所示,由于棱面 BCFE 垂直于 W 面,W 投影积聚为一直线,其表面上的点 M 的 W 投影 m'' 必落在该直线上。根据点的三面投影上下对正、左右平齐、前后相等可求得 V 投影和 W 投影。

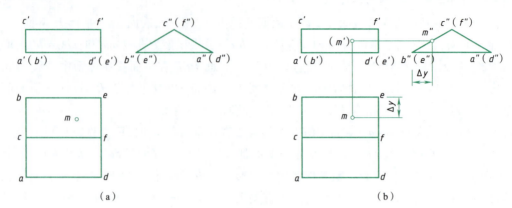

图 5-2 三棱柱表面上点的投影

作图步骤：

根据点的投影规律和棱面 BCEF 的 W 投影($b''c''e''f''$)可确定 M 的侧面投影 m''，再利用长对正、高平齐。可求得点 M 的 V 面投影 m'（括弧表示该点的 V 面投影不可见），如图 5-2(b) 所示。

2. 棱锥体上点、线、面的投影特性

四棱锥 SABCD 由 4 个棱面和 1 个底面组成。其中，底面 ABCD 平行于 H 面，垂直 V 面和 W 面，其 H 面投影(abcd)反映底面 ABCD 实形，V 面投影($a'b'c'd'$)和 W 面投影($a''b''c''d''$)分别积聚为直线 $a'b'c'd'$ 和直线 $a''b''c''d''$。4 个棱面与 3 个投影面都是倾斜关系，H 面、V 面、W 面投影均为反映其形状的类似形。

例 5-2 如图 5-3(a)所示，已知正四棱锥 SABC 一点 E 的 V 面投影(e')（加括号表示该点的 V 面投影不可见），求其 H 面投影和 W 面投影。

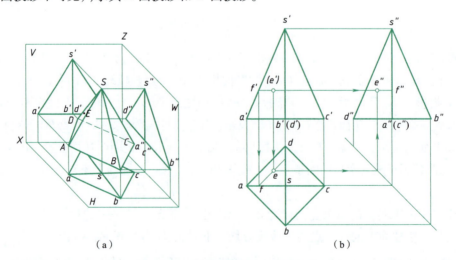

图 5-3 正四棱锥表面上点的投影

解： 如图 5-3(a)所示，由于 E 点的 V 面投影不可见，故 E 点位于侧棱面 SAD 上，又因侧棱面 SAD 为一般位置平面，E 点的 H 面投影和 W 面投影不能直接求得。选择过点 e' 作一直线平

行于 $a'd'$，直线与 $s'a'$ 交于 f' 点，由 f' 可求得 f。再过 f 点作 ad 的平行线即可求得 e，进而求得 e''，如图 5-3(b) 所示。

请思考一下该题目是否还可通过其他辅助线来解题？

3. 圆柱体上点、线、面的投影特性

圆柱体由圆柱面和上下底面所围成。圆柱面是由一条直线（母线）绕与它平行的回转轴旋转一周而形成的。圆柱体轴线垂直于 H 面时，其水平投影为圆，正面投影和侧面投影均为矩形。圆柱体的上下底面与 H 面平行，故其水平投影（圆）反映上下底面的实形，圆周则为圆柱面在 H 面的积聚性投影。圆柱体的上下底面与 V 面垂直，其正面投影（矩形）的上下两条边为上下底面的积聚性投影，矩形为圆柱面的投影，矩形的左右两条边为圆柱体最左和最右素线的投影，圆柱体的最左素线和最右素线将圆柱面分为前后两部分，前半部分圆柱面的 V 面投影可见，后半部分圆柱面的 V 面投影不可见。圆柱体的侧面投影也是矩形，与其 V 面投影一样，矩形的上下两条边为上下底面的积聚性投影，矩形为圆柱面的投影，矩形的另两条边为圆柱体最前和最后素线的投影，圆柱体的最前素线和最后素线将圆柱面分为左右两部分，左半部分圆柱面的 W 面投影可见，右半部分圆柱面的 W 面投影不可见。

例 3 如图 5-4(a) 所示，已知圆柱及其表面上一点 M 的 W 面投影（m''），求其 H 面投影和 V 面投影。

解：如图 5-4(a) 所示，首先确定点 M 在圆柱面上的位置，因 m'' 在中轴线右边且可见，故 M 应在前面、左面的四分之一圆柱面上。然后根据圆柱面的水平投影具有积聚性，由 m'' 可求得点 M 的 H 面投影 m。最后可求出点 M 的 V 面投影 m'，因点 M 所在的前半个圆柱面正面投影均可见，故 m' 可见，如图 5-4(b) 所示。

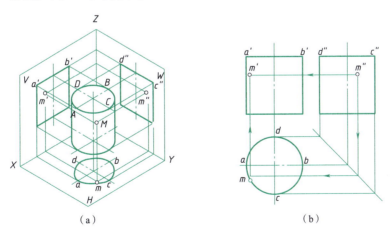

图 5-4　圆柱体表面上点的投影

4. 圆锥体上点、线、面的投影特性

圆锥体由圆锥面和底面所组成。圆锥面是由一条直线（母线）绕与它相交的回转轴旋转一周而形成的。圆锥体轴线垂直于 H 面时，其水平投影为圆，正面投影和侧面投影均为三角形。圆锥体的底面与 H 面平行，故其水平投影（圆）既反映底面的实形，又为圆锥面在 H 面的投影。圆锥体的底面与 V 面垂直，其正面投影（三角形）的底边为底面的积聚性投影，三角形

为圆锥面的投影,三角形的左右两条边为圆锥体最左和最右素线的投影,圆锥体的最左素线和最右素线将圆锥面分为前后两部分,前半部分圆锥面的 V 面投影可见,后半部分圆锥面的 V 面投影不可见。圆锥体的侧面投影也为三角形,与其 V 面投影一样,三角形的底边为底面的积聚性投影,三角形为圆锥面的投影,三角形的另两条边为圆锥体最前和最后素线的投影,圆锥体的最前素线和最后素线将圆锥面分为左右两部分,左半部分圆锥面的 W 面投影可见,右半部分圆锥面的 W 面投影不可见。

例 4 如图 5-5(a)所示,已知圆锥及其表面上一点 M 的 V 面投影(m'),求其 H 面投影和 W 面投影。

解: 如图 5-5(a)所示,首先确定点 M 在圆锥面上的位置,因 m'在中轴线左边且可见,故点 M 应在前面、左面的四分之一圆锥面上。又因圆锥面的水平投影没有积聚性,故必须过点 M 在圆锥面上作辅助线,为了作图方便,可过锥顶作辅助素线(素线法)或作垂直于回转轴的纬线辅助圆(纬圆法)。再根据形体上点、线的投影特性求解,如图 5-5(b)~图 5-5(d)所示。

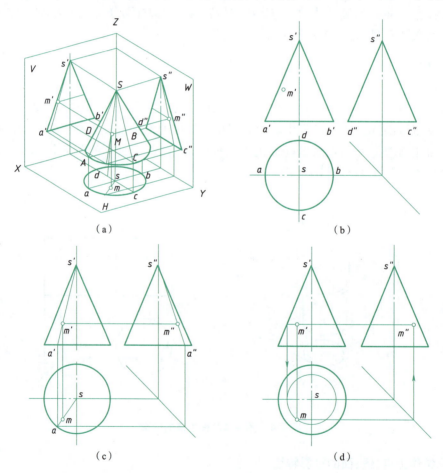

图 5-5 圆锥体表面上点的投影

作图步骤:

1. **素线法**

连接 s'm'并延长与底圆相交于 a',s'a'即为过点 M 的素线 SA 的 V 面投影。根据投影特性

可求出素线 SA 的 H 面投影和 W 面投影。因点 M 位于素线 SA 上,点 M 的 H 面投影和 W 面投影必位于素线 SA 的 H 面投影和 W 面投影上。由此求得 m、m''。注意可见性判别。

2. 纬圆法

过点 m' 作一水平线使其与圆锥轮廓相交。该水平线即为过 M 点的纬圆的 V 面投影(积聚投影),其长度即为纬圆的直径,由此作出纬圆的水平投影圆。过点 m' 作竖直线与纬圆的水平投影相交,交点(思考:此处会出现两个交点,怎样判别?)即为点 M 的 H 面投影 m。根据 H 面投影和 V 面投影可求出 W 面投影 m''。

5. 球体上点、线、面的投影特性

球体是由一个圆母线绕其直径旋转一周而形成的。球体的三面投影均为圆,其中,水平投影的圆反映球体上最大水平圆的实形,最大水平圆将球体分为上下两个部分,上半球的水平投影可见,下半球的水平投影不可见;正面投影的圆反映球体上最大正平圆的实形,最大正平圆将球体分为前后两个部分,前半球的正面投影可见,后半球的正面投影不可见;侧面投影的圆反映球体上最大侧平圆的实形,最大侧平圆将球体分为左右两个部分,左半球的侧面投影可见,右半球的侧面投影不可见。

例 5 如图 5-6(a)所示,已知球体及其表面上一点 M 的 V 面投影 m',求其 H 面投影和 W 面投影。

解:如图 5-6(a)所示,首先确定点 M 在球面上的位置,因 m' 在中轴线左边且可见,故点 M 应在前面、上面、左面的四分之一球面上。又因球面的水平投影没有积聚性,故必须过点 M 在球面上作辅助线。根据球面的性质,可作平行于 H 面的纬圆(纬圆法),再根据形体上点、线的投影特性求解。

作图步骤:

过 m' 作水平线,与球的正面投影相交于两点,该水平线即为过 M 点的纬圆的 V 面投影(积聚投影),其长度即为纬圆的直径,由此作出纬圆的水平投影圆。过点 m',作竖直线与纬圆的水平投影相交,交点即为点 M 的 H 面投影 m。根据 H 面投影和 V 面投影可求出 W 面投影 m'',如图 5-6(b)、(c)所示。

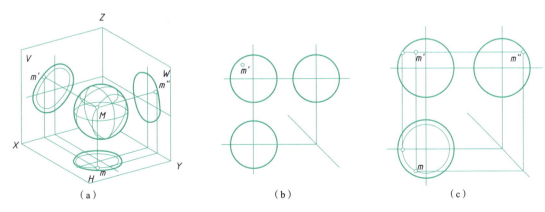

图 5-6 球体表面上点的投影

请思考,该题目还可以通过做其他辅助线求出吗?

本节思考

基本形体上的点、线、面的投影特性与空间任意点的投影特性有何不同?

小　　结

(1)生活中遇到的各种各样的形体都是由基本形体组合而成。基本形体根据其表面的几何性质可分为平面体和曲面体。常见的平面体有棱柱和棱锥、常见的曲面体有圆柱、圆锥和球体。

(2)基本形体上每个点、每条线、每个面都遵守"长对正、高平齐、宽相等"的投影规律。

问题

(1)基本形体的投影图是否是固定不变的?若有变化,根据什么而变?

(2)常见基本形体的投影图是怎样的?能熟练画出吗?

(3)棱柱面上的点与棱锥面上的点有何不同?

(4)圆锥面上所有点都需要用素线法或纬圆法求未知投影吗?若不需要请找出来。

(5)球面上所有点都需要用纬圆法求未知投影吗?若不需要,请找出来。

第 6 章　截交线和相贯线

在组合体的表面上,经常出现一些交线。这些交线有些是形体被平面截交而产生,有些则是由两形体相交而形成。基本形体(平面体、回转体)表面取点、取线的投影作图方法是截交线、相贯线投影作图的基础。本章将主要介绍这两种表面交线的性质和画法。

通过本章学习,你将重点掌握:
- 截交线的性质和画法
- 相贯线的性质和画法

●●● 第 1 节　截交线 ●●●

1. 概述

基本形体被一个或多个平面截切,在形体表面上产生的交线称为截交线。用来截切形体的平面称为截平面,如图 6-1 所示。截交线围成的平面图形称为断面。

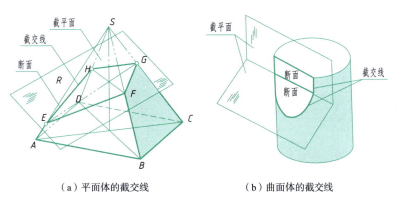

(a)平面体的截交线　　　　(b)曲面体的截交线

图 6-1　截交线

截交线的性质是:
(1)截交线通常是封闭的平面图形。
(2)截交线是立体表面和截平面的共有线。
截交线的形状取决于立体的形状和截平面与立体的相对位置。根据被截切的基本形体不同可以分为平面体截交线和曲面体截交线两大类。

2. 平面体的截交线

平面截切平面立体所得的截交线，是一条封闭的平面折线，为截平面和形体表面所共有。如图 6-1（a）所示，平面截切四棱锥 S-ABCD，截交线为四边形 EFGH。截交线多边形的顶点是平面立体各棱边与截平面的交点。

求平面体上截交线的方法，先求出平面体的侧棱及底边与截平面的交点，然后将各交点对应连接，最后判别其可见性，得到截交线的投影。

例 1 如图 6-2（a）所示，已知用正垂面 P 切割掉左上方的五棱柱的正面及水平投影，求作截交线以及五棱柱被切割后的三面投影。

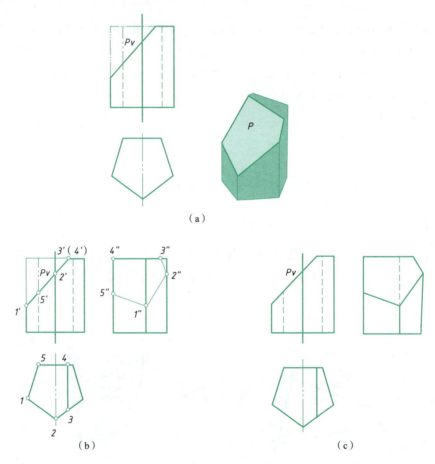

图 6-2 棱柱的截交线

解：如图 6-2（a）所示，截交线为五边形。因为截交线的正面投影都重合在 P_V 上，所以截交线的正面投影已知。只需作出截交线的水平投影，就可以作出五棱柱被切割后的水平投影。再根据形体三面投影的规律进一步作出五棱柱的侧面投影。

作图步骤：

（1）根据形体三面投影的规律，在五棱柱正面投影右侧的适当位置画出未被切割的五棱柱的侧面投影。

（2）在正面投影上标出正垂面 P 与棱线、顶面的交点 1′、2′、3′、4′、5′，即截交线五边形顶点的正面投影,如图 6-2(b)所示。

(3)求出五边形顶点的水平投影和侧面投影。

(4)判断可见性连线完成截交线各面投影,修改侧面投影被切割部分,完成作图,如图 6-2(c)所示。

例 2 如图 6-3(a)所示,已知三棱锥及其上缺口的正面投影,求水平投影和侧面投影。

解:如图 6-3(a)所示,三棱锥的缺口由一个水平面 P 和一个正垂面 Q 切割而形成。水平面 P 与棱锥底面平行,与前、后棱面交线 DE、DF 分别平行于底边 AB、AC;正垂面 Q 与前、后棱面相交,交线是 GE、GF。两个截平面的交线 EF 为正垂线。

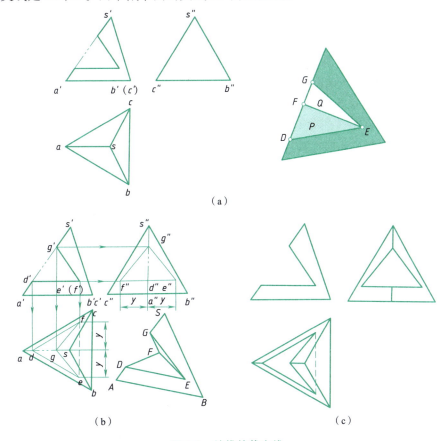

图 6-3 棱锥的截交线

作图步骤:

(1)作水平面 P 与三棱锥的截交线的水平投影和侧面投影:根据平行两直线的投影特性,$de\parallel ab$、$df\parallel ac$;因水平截平面在侧面投影中有积聚性,$d''e''$、$d''f''$重合在水平直线段上,如图 6-3(b)所示。

(2)作正垂面 Q 与三棱锥的截交线的水平投影和侧面投影,如图 6-3(b)所示。

(3)作两个截平面的交线的水平投影和侧面投影,如图 6-3(b)所示。

(4)判断可见性连线完成截交线各面投影,修改投影被切割部分,完成作图,如图 6-3(c)所示。

3. 曲面体的截交线

平面截切回转体，一般情况下截交线是一条封闭的平面曲线，也可能是由曲线和直线组成的平面图形，特殊情况下也可以是多边形，如图6-1(b)所示。

求平面截切回转体截交线的方法：

(1) 分析截交线的形状：截交线的形状取决于曲面体的表面性质及截平面与曲面体的相对位置。

(2) 分析截交线的投影：分析截平面与投影面的相对位置，明确截交线的投影特性，如是否有积聚性、类似性等。

(3) 画截交线的投影：当截交线的投影为非圆曲线时，先求出特殊点(确定交线的范围)，然后在特殊点之间求出若干个一般点(确定交线的弯曲趋势)，按可见性依次光滑连接。

特殊点是能确定截交线形状和范围的点，具体有：

(1) 极限点：确定曲线范围的最高、最低、最前、最后、最左和最右点。

(2) 转向点：曲线上处于曲面投影转向线上的点，是区分曲线可见与不可见部分的分界点。

(3) 特征点：曲线本身具有特征的点，如椭圆长短轴上四个端点。

(4) 结合点：截交线由几部分不同线段组成时结合处的点。

在这里主要学习常见曲面体圆柱体、圆锥体、球体与不同位置的平面相交，形成的截交线性质与画法。

1) 圆柱的截交线

平面截切圆柱，根据其相对于圆柱轴线的位置不同，截交线分别为直线、圆和椭圆三种形状，见表6-1。

表 6-1　圆柱的截交线类型

截平面位置	平行于轴线	垂直于轴线	倾斜于轴线
立体图			
投影图			
交线形状	平行于轴线的两条直线	圆	椭圆

  如图6-4所示，补全接头的正面投影和水平投影。

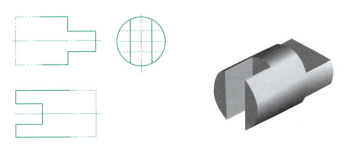

图 6-4 补全接头的投影

解:如图 6-4 所示,接头左端的槽口由两个正平面和一个侧平面切割而成,接头右端由两个水平面和一个侧面在圆柱的右上和右下各截切出一个缺口。

作图步骤:

(1)左端:圆柱与两个正平截平面的交线是四条侧垂线,它们的侧面投影分别积聚成点,水平投影与两个正平面积聚投影重合,如图 6-5(a)所示。

(2)左端:圆柱与侧平截平面的交线是两端平行于侧面的圆弧,它们的侧面投影与圆柱的积聚投影重合,水平投影与侧平面积聚投影重合,如图 6-5(b)所示。

(3)右端:圆柱被两个水平面和一个侧平面切割而成,作法与左端的槽口类似,如图 6-5(c)所示,请自行阅读理解。

作图结果如图 6-5(d)所示。

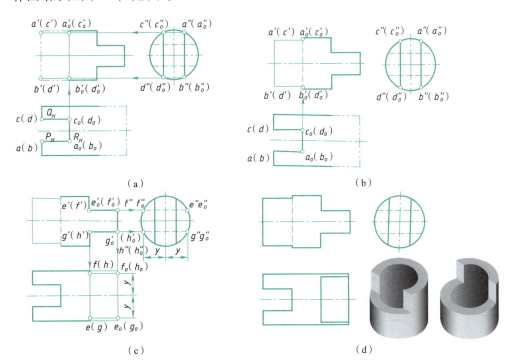

图 6-5 补全接头的正面投影和水平投影

请思考,右图为同一圆柱被截切,截平面的位置不同截交线会有什么变化? 被截切后的圆柱的三视图又有什么不同?

2)圆锥的截交线

平面截切圆锥面,根据其相对于圆锥的位置不同,截交线分别为圆、椭圆、抛物线、双曲线和三角形五种,见表6-2。

表 6-2 圆锥的截交线类型

截平面位置	垂直于轴线	与锥面上所有素线相交	平行于圆锥面上一根素线	平行于圆锥面上两根素线	通过锥顶
立体图					
投影图					
交线形状	圆 $\beta=90°$	椭圆 $\beta>\alpha$	抛物线 $\beta=\alpha$	双曲线 $\beta<\alpha$	三角形

例 4 如图6-6所示,圆锥被正垂面 P 截去左上端,作出截交线的水平投影,并作出圆锥被切割后的侧面投影。

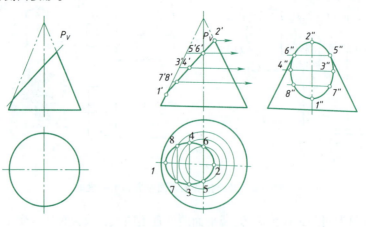

图 6-6 圆锥的投影

解:如图 6-6 所示,截平面 P 倾斜于圆锥的轴线且与锥面上所有素线相交,所以可知截交线是椭圆。截交线的正面投影就积聚在 P_V 上,由它可以作出截交线的水平投影和侧面投影,并补全被截断后的圆锥的侧面投影轮廓线。

作图步骤:

(1)作截交线上的特殊点:最左、最右素线与截交线的交点连线 1、2,同时是椭圆的长轴。椭圆的短轴 3、4 是过长轴中点的正垂线,取 1'2' 的中点得到短轴 3、4 的正面投影 3'4'。最后点 5、6 为圆锥转向轮廓线上的点。分别通过以上 6 个特殊点的正面投影运用纬圆法求出水平投影和侧面投影。

(2)作截交线上的一般点:为了能较准确地作出截交线的水平投影和侧面投影,在已作出的特殊点的间距较大处,作一些截交线上的一般点,如图 6-6 所示Ⅶ、Ⅷ点。

(3)依次连接各点的水平投影和侧面投影。

(4)补全被截断后的圆锥的侧面投影轮廓线。

请思考,该题目中点的投影可以用素线法求出吗?

3)圆球的截交线

平面截切圆球,截交线总是圆。当截平面平行于投影面时,截交圆在该投影面上的投影反映实形;当截平面垂直于投影面时,截交圆在该投影面上的投影积聚成为一条长度等于截交圆直径的直线;当截平面倾斜于投影面时,截交圆在该投影面上的投影为椭圆,见表 6-3。

表 6-3 圆球的截交线类型

截平面位置	与球交于任意位置	
立体图		
投影图		

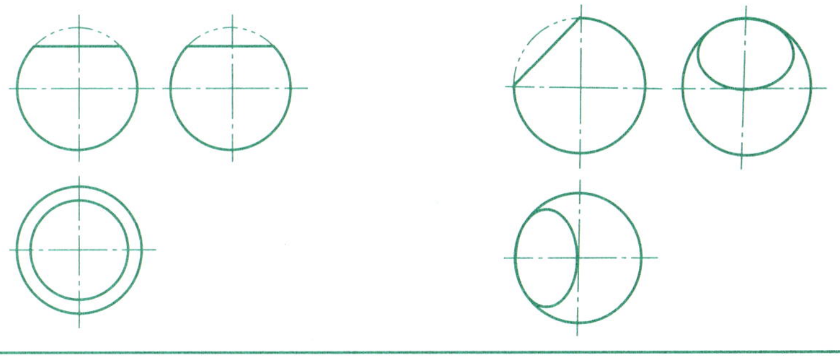

例 5 如图 6-7(a)所示,已知半球的半径 R 和被截切后的水平投影,求作它的正面投影和侧面投影。

解:如图 6-7(a)所示,半径为 R 的半球被两组对称的正平面 P_1、P_2 和侧平面 Q_1、Q_2 截切。由正平面截得的截交线的正面投影反映圆弧的实形,侧面投影为两根竖直线。由侧平面截得的截交线的侧面投影反映圆弧的实形,正面投影为两根竖直线。四个截平面的交线为四根铅垂线。

作图步骤:

(1)根据球的半径 R,作出半球的正面投影和侧面投影,如图 6-7(b)所示。

(2)在水平投影上,正平面 P_1、P_2 积聚投影与球的水平投影轮廓线相交,得截交线圆弧的直径 ab。据此作出截交线圆弧的正面投影和侧面投影,如图 6-7(b)所示。

(3)在水平投影上,侧平面 Q_1、Q_2 积聚投影与球的水平投影轮廓线相交,得截交线圆弧的直径 cd。据此作出截交线圆弧的侧面投影和正面投影,如图 6-7(c)所示。

(4)完成全图,如图 6-7(d)所示。

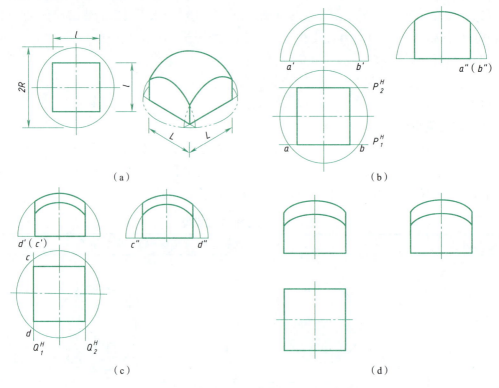

图 6-7　圆球的投影

本节思考

我们已掌握了截交线的性质和画法,形体表面的另一种交线——相贯线又有怎样的投影特性呢?

第 2 节　相贯线

1. 概述

两立体表面的交线称为相贯线。相贯线具有以下性质:

(1)共有性。相贯线是两立体表面的共有线,相贯线上的点是两立体表面的共有点。

(2)一般情况下是封闭的,但存在不封闭的情况。

(3)一般情况下是空间曲线,特例下是由平面曲线或直线组成。

基本立体有平面体与曲面体之分,下面我们分别讲述平面体与平面体相交、平面体与曲面体相交、曲面体与曲面体相交。

2. 两平面体相贯

两平面体的相贯线通常是一组或两组封闭的空间折线,在特殊情况下可能是不闭合的(例如当两立体具有连在一起的公共的平面表面时),也可能是平面上的闭合折线(例如一个立体只在另一立体的一个棱面上全部穿进或穿出时),不同的立体以及不同的相贯位置,相贯线的形状也不同。折线的每一段都是两立体各一个表面的交线,折线的转折点就是一个立体的侧棱或底边与另一立体表面的交点。因此,求两平面立体相贯线的方法通常有两种:一种是求各侧棱对另一形体表面的交点,然后把位于甲形体同一侧面又位于乙形体同一侧面上的两点,依次连接起来。另一种是求一个立体各侧面与另一个立体各侧面的交线。

例 6 如图 6-8(a)所示,已知三棱柱与三棱锥相贯,求它们的交线。

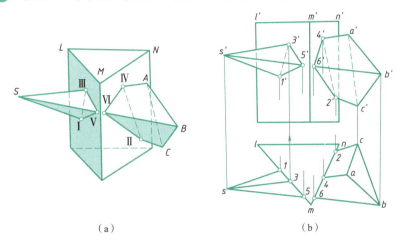

图 6-8　三棱柱与三棱锥相贯(一)

解:如图 6-8(b)所示。三棱柱各侧面都是铅垂面,水平投影有积聚性,相贯线的水平投影都落在三棱柱的水平投影上。从水平投影可知三棱锥的侧棱 SA、SB、SC 都与三棱柱的侧面 LM 和 MN 相交,且三棱锥完全贯穿三棱柱形成两根闭合的相贯线。

作图步骤:

(1)求贯穿点。直线与立体表面的交点称为贯穿点。利用三棱柱水平投影的积聚性可直接求得三棱锥三根侧棱 SA、SB、SC 与三棱柱左、右两侧面交点的水平投影 1、2、3、4、5、6,再作出六个点的正面投影。

(2)连贯穿点。根据位于甲形体同一侧面又位于乙形体同一侧面上的两点才能连接的原则,在正面投影上分别连接成 1′3′5′和 2′4′6′两条相贯线。

(3)判别可见性。根据位于两形体都可见的表面上的交线才是可见的原则,可知在正面投影上三棱柱左、右两侧面可见,三棱锥的 SAB、SBC 面可见,所以交线 1′5′、3′5′和 2′6′、4′6′可见,但三棱锥的 SAC 面的正面投影为不可见,因而 1′3′、2′4′不可见。

如果三棱锥与三棱柱的形状不变,它们的相对位置发生变化,则相贯线也发生变化。

例 7 如图 6-9(a)所示,已知三棱柱与三棱锥相贯,求它们的交线。

解:如图6-9(b)所示。三棱锥的侧棱 SB 与三棱柱不相交,则三棱柱的前侧棱 M 将贯穿三棱锥的两个侧面 SAB 和 SBC,形成两形体相互贯穿。它们的相贯线是一条闭合的空间折线。

作图步骤:

(1)求贯穿点。利用三棱柱的积聚投影,求出三棱锥侧棱 SA、SC 与三棱柱左、右两侧面交点Ⅰ、Ⅱ、Ⅲ、Ⅳ的水平投影和正面投影。

(2)作辅助线求出侧棱 M 与三棱锥的贯穿点Ⅴ、Ⅵ。

(3)连接贯穿点。

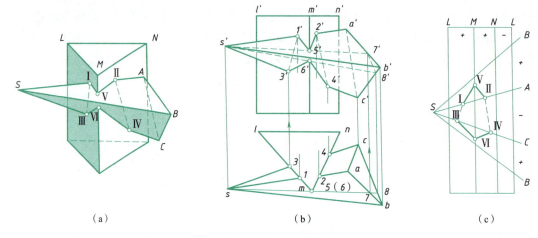

图 6-9　三棱柱与三棱锥相贯(二)

为了便于确定哪两个贯穿点可以相连,哪一段相贯线的投影是可见线,可将三棱柱表面沿不参与贯穿的侧棱 L"剪开",示意性地竖向摊平。又将三棱锥表面沿不参与贯穿的侧棱 SB "剪开",示意性地横向摊平。两形体摊开的侧面组成若干格子,如图6-9(c)所示。将求得的贯穿点一一标注在格子上。例如点Ⅰ是侧棱 SA 与侧面 LM 的交点,则标注在格子中 LM 范围内的侧棱 SA 上。只有在同一格子内的两贯穿点才可以相连。把正面投影中可见的侧面,如 LM、SBC 等,注上"+"号;不可见的侧面,如 NL、SAC 注上"-"号。相贯线上的一段如果即在棱柱的可见面又在棱锥的可见面上,则它的正面投影可见。如果相贯线上的一段位于某一立体的不可见面上,则它的正面投影不可见。

3. 平面体与曲面体相贯

平面体与曲面体相交时,相贯线一般是由若干段平面曲线或平面曲线和直线所组成的空间折线。各段平面曲线或直线,就是平面体上各侧面截割曲面体所得的截交线。每一段平面曲线或直线的转折点,就是平面体的侧棱与曲面体表面的交点。求相贯线的方法就是求平面与曲面体的截交线和直线与曲面回转体表面的交点。作图时,先求出这些转折点,再根据求曲面体上截交线的方法,求出每段曲线或直线。

例8　如图6-10所示,已知四棱柱与圆柱体相贯,求相贯线的交线。

解:如图6-10所示,四棱柱四个棱面分别与圆柱面相交。其中两个棱面与圆柱轴线平行,截交线为两段平行直线;另两个棱面与圆柱轴线垂直,截交线为两段圆弧。将这些截交线连接起来即为所求的相贯线。

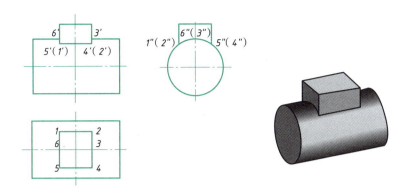

图 6-10 四棱柱与圆柱相贯

作图步骤:

应用点的投影规律,分别求出图 6-10 所示各点的正面投影,然后按顺序连接起来即得到相贯线的正面投影。相贯线的水平投影积聚在棱柱的水平投影上,侧面投影积聚在圆柱的侧面投影上。

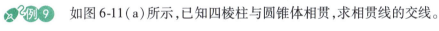例9 如图 6-11(a)所示,已知四棱柱与圆锥体相贯,求相贯线的交线。

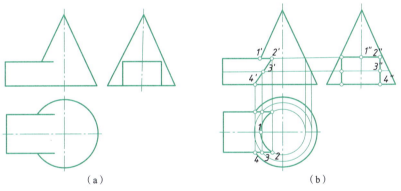

图 6-11 四棱柱与圆锥相贯

解: 如图 6-11(a)所示,四棱柱四个棱面分别与圆柱面相交。其中两个棱面与圆柱轴线平行,截交为双曲线;另两个棱面与圆柱轴线垂直,截交线为圆弧。将这些截交线连接起来即为所求的相贯线。相贯线的侧面投影已知。

作图步骤[图 6-11(b)]:

(1) 求出相贯线上的特殊点 Ⅰ、Ⅱ、Ⅳ。

(2) 求出一般点 Ⅲ。

(3) 光滑且顺次地连接各点,作出相贯线,并且判别可见性。

(4) 整理轮廓线。

4. 两曲面体相贯

两曲面立体相交时,相贯线一般是封闭的空间曲线,在特殊情况下是平面曲线或直线。相贯线是两曲面立体表面的共有线,相贯线上的点是两曲面立体的共有点。求作两曲面立体表面的相贯线时,应在方便的情况下,作出相贯线的一系列共有点,并表明其可见性,再光滑连线即可。求两立体表面共有点的常用方法,主要有直接作图法和辅助面法。

1) 直接作图法

相交两曲面体中,如果有一个曲面体表面的投影具有积聚性,则可利用该曲面的积聚性投影求出一系列共有点,连成相贯线。

例10 如图 6-12(a)所示,求轴线垂直相交的两圆柱的相贯线。

解: 如图 6-12(b)所示,两圆柱的轴线垂直相交,相贯线为前后、左右对称的封闭空间曲线。因小圆柱的水平投影积聚为圆,所以相贯线的水平投影与该圆重合;大圆柱的侧面投影积聚为圆,故相贯线的侧面投影为该圆上小圆柱侧面投影范围内的一段圆弧,所以,仅需要求出相贯线的正面投影。

作图步骤:

(1) 求特殊点:由水平投影可知,相贯线的最左、最右点(两点也为最高点),最前、最后点(两点也为最低点)的水平投影分别为 a、b、c、d,在侧面投影上作出 a''、(b'')、c''、d'',由此求得正面投影 a'、b'、c'、(d')。

(2) 求一般点:在相贯线的水平投影上,取左右、前后对称的四点 e、f、g、h,在侧面投影上作出 e''、(f'')、g''、(h''),由此求得正面投影 e'、(f')、(g')、(h')。

(3) 光滑且顺次地连接各点,作出相贯线,并且判别可见性。

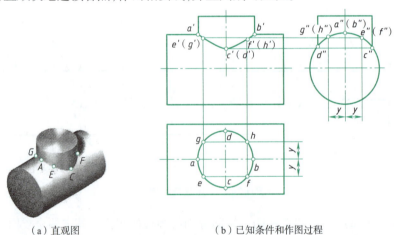

(a) 直观图　　　　　(b) 已知条件和作图过程

图 6-12 两正交圆柱的相贯线

两立体相交可能是它们的外表面相交,也可能是内表面相交。如两圆柱相交,出现表 6-4 所示的三种形式。这三种形式下的相贯线,除了可见性不同以外,相贯线的形状和作图方法是相同的,见表 6-4。

表 6-4　圆柱相交类型

相交形式	两实心圆柱相交	圆柱孔与实心圆柱相交	两圆柱孔相交
立体图			

续表

相交形式	两实心圆柱相交	圆柱孔与实心圆柱相交	两圆柱孔相交
投影图			

相贯线不仅与两相交立体的表面几何性质有关，也与它们之间的相对位置有关。仍以两圆柱相交为例，图 6-13 所示为当圆柱直径变化时，相贯线的变化情况。当直立圆柱直径较小时，相贯线为上下两条空间曲线；当两圆柱直径相等时，相贯线为大小相等的两个椭圆；当直立圆柱直径较大时，相贯线为左右两条空间曲线。

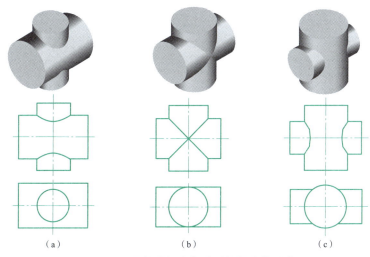

图 6-13 圆柱直径变化时对相贯线的影响

当圆柱直径不变，而轴线的相对位置发生改变时，相贯线的位置和形状均发生变化，如图 6-14 所示。

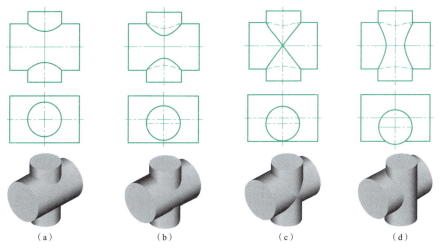

图 6-14 圆柱相对位置变化时对相贯线的影响

2）辅助平面法

作一辅助平面截断相贯的两曲面体，可同时得到两曲面体的截交线，这两曲面体的截交线的交点，就是两曲面体表面上的公共点，把许多这样的公共点连接起来，就可以得到相贯线。

为使辅助平面能与圆柱面、圆锥面相交于素线或平行于投影面的圆，对圆柱而言，辅助平面应平行或通过柱轴，也可垂直于柱轴；对圆锥而言，辅助平面应垂直或通过锥顶。综合上述情况，最好选择图 6-15 所示的两种辅助平面。

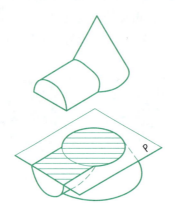
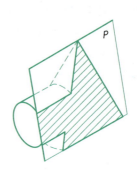

(a) 选择平行或通过柱轴
且垂直于锥轴的平面

(b) 选择过锥顶且平行或
通过柱轴的平面

图 6-15 选择辅助平面

例 11 如图 6-16(a)所示，求作圆柱与圆锥的相贯线。

解：如图 6-16(a)所示，圆柱轴线为侧垂线，所以相贯线的侧面投影重合在圆柱的积聚性投影上，需求相贯线的正面投影和水平投影。圆锥轴线为铅垂线，所以可选择水平面作为辅助面，与圆柱面的截交线是两条侧垂线，与圆锥面的截交线是水平圆，它们的交点为相贯线上的点。

作图步骤：

（1）求特殊点：如图 6-16(b)所示，过锥顶作辅助侧垂面 S、Q，与圆柱面相切，即在侧面投影上作两素线与圆相切于 e''、f''，得到相贯线的最右点。

（2）求一般点：为了有足够的点满足连线的需要，可在适当的位置再作辅助水平面，得到一般点 G、H，如图 6-16(c)所示。

（3）光滑且顺次地连接各点，作出相贯线，并且判别可见性，如图 6-16(d)所示。注意：C、D 两点是相贯线水平投影可见与不可见的分界点，圆柱俯视轮廓线应一直画到 c、d 点为止。

3）相贯线的特殊情况

两曲面立体相交时，一般情况下相贯线是空间曲线，但在特殊情况下，相贯线也可能是直线、圆或其他平面曲线，见表 6-5。

第6章 截交线和相贯线

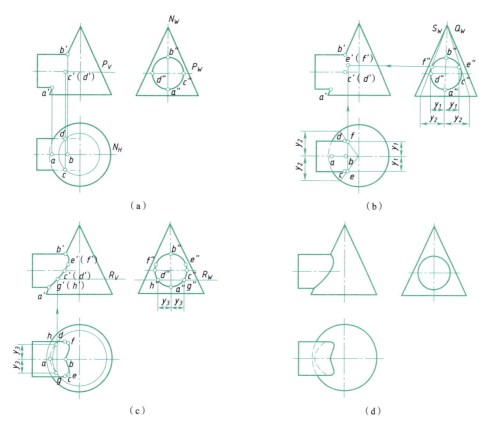

图 6-16 圆柱与圆锥相贯

表 6-5 相贯线的特殊情况

相贯线的 特殊情况	投影图	说明
直线		两圆柱的轴线平行或两圆锥共锥顶时，其相贯线为直线(素线)
圆		两个回转体具有公共轴线时，其相贯线为圆，并且该圆垂直于公共轴线

续表

相贯线的特殊情况	投影图	说明
椭圆		外切于同一球面的圆锥、圆柱相交时,其相贯线为两个椭圆

本节思考

我们已学习了形体相贯线的投影性质和作图方法,更为复杂的组合形体的三面正投影该如何绘制呢?

●●●● 小　　结 ●●●●

(1)基本形体被一个或多个平面截切,在形体表面上产生的交线称为截交线。两立体表面的交线称为相贯线。

(2)截交线通常是封闭的平面图形,是立体表面和截平面共有线。截交线的形状取决于立体的表面性质和截平面与立体的相对位置。

(3)根据被截切的基本形体不同可以分为平面体截交线和曲面体截交线两大类。其中,曲面体截交线又分圆柱体的截交线、圆锥体的截交线、球体的截交线。

(4)相贯线具有共有性,相贯线是两立体表面的共有线,相贯线上的点是两立体表面的共有点;一般情况下相贯线是封闭的,但存在不封闭的情况;一般情况下相贯线是空间曲线,特例情况下是由平面曲线或直线组成。

(5)求两立体表面共有点的常用方法,主要有直接作图法和辅助面法。

问题

(1)什么是截交线?什么是相贯线?

(2)圆柱的截交线有几种形状?什么是截交线上的特殊点?

(3)圆锥的截交线有几种形状?球的截交线又有几种形状?

(4)两平面立体相贯,如何确定哪两个相贯点可以相连?相贯线的哪一段投影是可见线?

(5)利用辅助平面求两曲面体相贯线的依据是什么?如何选择辅助平面?

(6)两曲面体相贯有哪三种特殊情况?

第 7 章 组合体

在研究空间物体的投影时,一般只考虑物体的形状和大小,而不涉及物体的材料、质量等物理性质,这种物体称之为形体。工程中常见的形体无论多么复杂(如轴承座等),都可以看作是由简单基本形体组合而成的。这种由基本形体按照一定方式组合而成的形体,称为组合体,如图 7-1 所示。

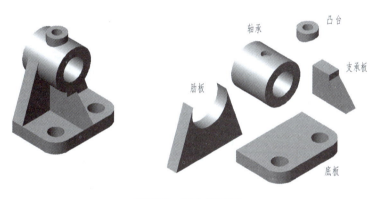

图 7-1 组合体示例

通过本章学习,你将重点掌握:
- 组合体的组合形式
- 组合体的绘制
- 组合体的阅读
- 组合体的尺寸标注

第 1 节 组合体的形体分析

1. 组合体的组合形式

组合体的形成方式一般分为三种。由两个或两个以上的基本体叠加而成的组合体,称为叠加型组合体(简称叠加体)。由基本体经过切割而形成的组合体,称为切割型组合体(简称切割体)。工程中常见的组合体,其形成往往是既有"叠加"又有"切割"的综合形式,称为综合型组合体。如图 7-2(a)所示的组合体,就是由大长方体、小长方体和半圆柱体叠加而成的,属于叠加型组合体;如图 7-2(b)所示的组合体就是由一个完整的四棱柱经过多次切割而形成的切割型组合体;如图7-2(c)为综合型组合体。

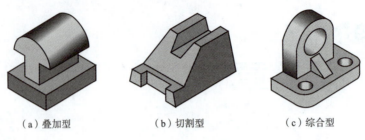

(a) 叠加型　　　　(b) 切割型　　　　(c) 综合型

图 7-2　组合体的形成方式

2. 形体之间的连接关系

为了正确绘制和阅读组合体的三视图,必须分析组合体上各基本体之间的相对位置和相邻表面之间的连接关系。无论哪种类型的组合体,在组合体中互相结合的两个基本体表面之间的连接关系可分为平齐、不平齐、相切和相交四种。

平齐:当两基本形体表面平齐时,在连接处就不再有分界线,如图7-3(a)所示。

不平齐:当两基本形体表面不平齐时,在连接处应有分界线,如图7-3(b)所示。

相交:当两基本形体表面相交时,在相交处应画出交线的投影,如图7-3(c)所示。

相切:当两基本形体表面相切时,因相切处是光滑过渡的,故不应画出切线,如图7-3(d)所示。

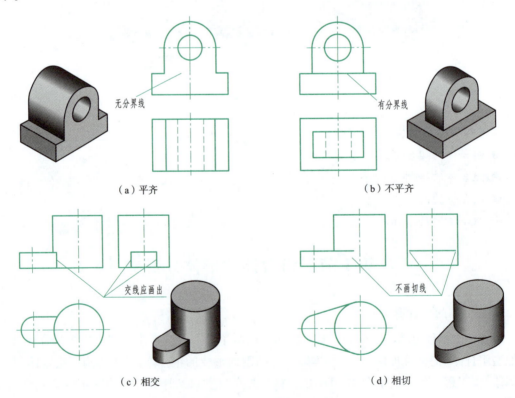

(a) 平齐　　　　　　　　　　　　(b) 不平齐

(c) 相交　　　　　　　　　　　　(d) 相切

图 7-3　形体之间的连接关系

> **本节思考**
>
> 了解了组合体的组合形式,怎样才能将组合体绘制出来呢?

第 2 节　组合体的绘图

因组合体是由若干基本形体按照一定的方式组合而成,绘制组合体的三视图通常采用形体分析法。所谓形体分析法,就是在绘制组合体的投影图时,先假想将组合体分解为若干基本形体,再根据各基本形体之间的组合形式、相对位置和表面连接关系,正确地画出各形体之间表面连接的投影,从而清楚地表达出形体。采用形体分析法,可以将比较复杂的组合体简化为若干个简单基本形体来完成,从而使复杂问题简单化,是组合体绘图的基本方法。下面以图 7-1 所示轴承座为例,阐述绘制组合体投影图的方法和步骤。

1. 形体分析

绘制组合体的投影图时,首先要进行形体分析。分析组合体由几个基本形体组成,它们的组合形式、相对位置以及形体上各表面之间的连接关系等。如图 7-1 所示,轴承座由凸台、轴承、支承板、肋板以及底板等五部分组成。凸台和轴承是两个空心圆柱体,它们之间正交相贯,故在外表面和内表面上都有交线;支承板是一个平板,左、右侧面分别与轴承外圆柱面相切;肋板也属于平板,与轴承的外圆柱面之间相交,应绘制交线;底板的顶面与支承板、肋板的底面之间互不平齐,应有分界线。

2. 视图选择

绘制组合体的投影图,在形体分析的基础之上选择适当的视图,特别是选择好主视图。视图的选择主要考虑两个方面的问题:一是形体的安放位置,二是形体的投射方向。为了便于绘图,组合体的主要平面应放置成投影面平行面,主要轴线放置成投影面垂直线;主视图的投射方向应能最大限度地反映组合体的形状特征和各组成部分之间的相对位置关系。主视图确定以后,其他两个视图便随之确定。

如图 7-4 所示,将轴承座按自然位置安放后,对由箭头所示的 A、B、C、D 四个方向投射所得的视图进行比较,确定主视图。若以 C 向作为主视图,虚线较多,显然没有 A 向清楚;B 向与 D 向视图虽然虚实线的情况相同,但如以 D 向作为主视图,则左视图上会出现较多虚线,没有 B 向好;再比较 B 向与 A 向视图,A 向更能反映轴承座各部分的轮廓特征,所以确定以 A 向作为主视图的投射方向。

3. 绘制投影图

(1)根据形体的大小和复杂程度及注写尺寸所占的位置,选择适当的比例和图幅。

(2)布置视图。先画出图框和标题栏,安排视图的位置。注意布图应力求图面匀称美观,视图之间的距离适当,以便于标注尺寸等。布置好各视图以后,应画出组合体的主要轴线、中心线和定位基准线,以确定每个视图的位置,如图 7-5(a)所示。

(3)绘制各基本形体的投影图。在形体分析的基础上,按照形体的主次和相对位置,用细实线依次画出各组成部分的三视图。如图 7-5 所示,分别依次画出底板、轴承、肋板、支承板和凸台各基本形体的三视图。应该注意的是，每个基本形体都应将三个视图结合起来画，以确保其遵守"长对正、高平齐、宽相等"的投影关系，同时也可提高绘图速度。不要先画完组合体的一个完整视图之后，再去画另一个视图。

（4）检查描深。各基本形体的投影图绘制完成以后，最后应以组合体是一个整体进行校核，如有错误即行改正，擦去多余的图线，按规定线型加深，完成作图。

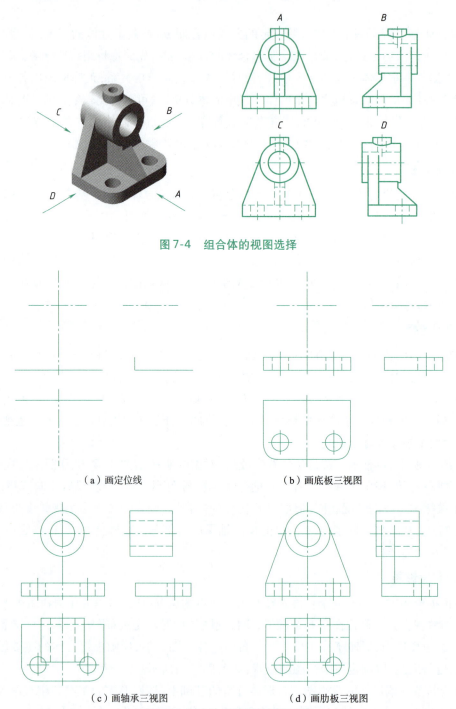

图 7-4　组合体的视图选择

（a）画定位线　　　　　　　　　　（b）画底板三视图

（c）画轴承三视图　　　　　　　　（d）画肋板三视图

图 7-5　组合体投影图的绘图步骤

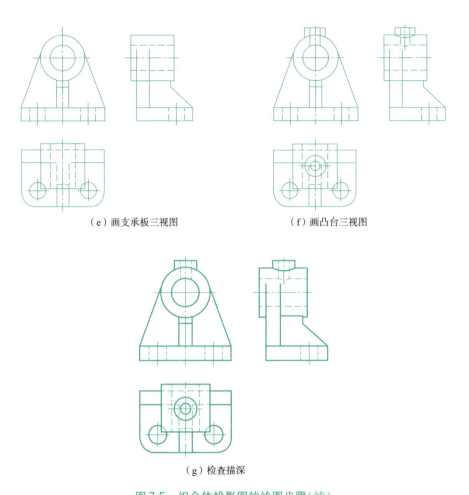

(e)画支承板三视图　　　　　　(f)画凸台三视图

(g)检查描深

图 7-5　组合体投影图的绘图步骤(续)

本节思考

组合体绘图是将三维空间的组合体绘制在二维图纸上,那么如何将二维图纸上的组合体还原为三维空间形体呢?

第 3 节　组合体的读图

组合体读图是绘图的逆过程,也就是根据投影规律,由视图想象出其空间形状的过程。绘图与读图之间是相辅相成的,是产品设计和制造过程必须具备的两种基本能力,也是工程图学基础课程的主要教学目标与任务。

1. 读图的基本要领

(1)几个视图联系起来识读

组合体的形状通常是通过多个视图来共同表达的,一个视图只能反映组合体一个方向的形状,因此仅由一个或两个视图不一定能唯一确定组合体的形状。

如图7-6所示的两个形体,主视图完全相同,但所表达形体的形状不同。

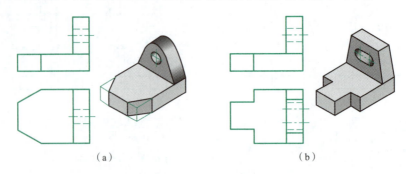

图7-6 一个视图不能唯一确定形体的形状示例

又如图7-7所示的三个形体,俯视图和左视图都完全相同,但所表达形体的形状也不同。

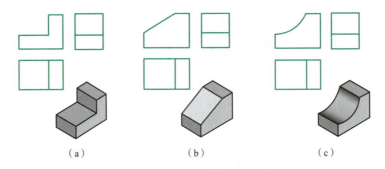

图7-7 两个视图不能唯一确定形体的形状示例

由此可见,组合体读图时必须将所给出的全部视图联系起来分析识读,才能想象出组合体的完整形状。

(2)理解视图中线框和图线的含义

视图是由图线和线框组成的。视图中的每一条图线,可能是形体上垂直于投影面的平面或曲面的积聚性投影;也可能是形体上表面交线的投影或者是曲面转向轮廓线的投影。视图中每一个封闭线框都表示形体上的一个面(平面或曲面)的投影。

如图7-8所示,主视图中的四个封闭线框,分别表示六棱柱的三个棱面和一个圆柱面的投影;而主视图下部的四条铅垂线,则表示六棱柱棱线或相邻棱面交线的投影。俯视图中的六条直线和曲线,分别表示六棱柱六个棱面和上部圆柱面的积聚性投影。

视图上两个相邻的封闭线框可能是两个相交面的投影,或者两个交错面的投影。

如图7-9所示的组合体,俯视图上有三个封闭线框。其中线框1和线框2是形体上两个相交面的投影、线框1和线框3则是形体上两个交错面的投影;线框2和3则是既相交又交错的两面的投影。

(3)从反映形体特征的视图入手

形体特征包括形状特征和位置特征。在读图过程中,如能抓住组合体各组成部分的形状特征及其相对位置特征,便能在较短时间内对整个形体有一个大概的了解,大大提高读图的效率和准确性。

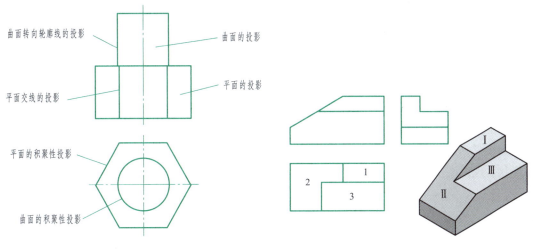

图 7-8　图线与线框的含义　　　　　图 7-9　相邻线框的含义

形状特征视图是指能够较为清晰地反映组合体形状的视图。如图 7-10 所示，形体的俯视图即为其形状特征视图。因为主视图和左视图，除了板厚及其长、宽之外，其他形状均未表达清楚。

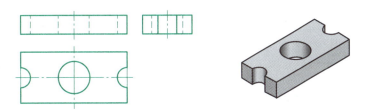

图 7-10　分析形体形状特征视图

位置特征视图指能够较为清晰地反映组合体各组成部分之间相对位置关系的视图。如图 7-11 所示的左视图，即为其位置特征视图。因为根据主视图和俯视图，则物体Ⅰ、Ⅱ两部分形体究竟如何叠加、穿通，形体Ⅱ是何形状等均难以确定。可以将其看成图 7-11(b)所示形体，也可以看成图 7-11(c)所示形体；若为图 7-11(b)所示形体，则基本形体Ⅱ又可能是图 7-11(d)所示的任一形状。如果结合主视图和左视图，那么，形体的整体形状就十分明确：Ⅰ穿通为孔、Ⅱ凸出为四棱柱，故可判定它是图 7-11(b)所示的空间形体。

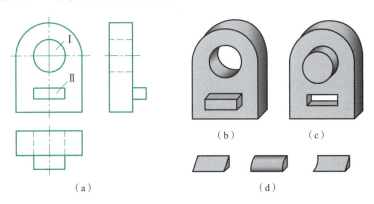

图 7-11　分析形体位置特征视图

由此可见,在组合体读图时,应首先抓住其形状特征和位置特征,并从反映其特征的视图读起。

2. 读图的基本方法与步骤

(1)形体分析法

读图与绘图一样,也可采用形体分析法。首先根据视图的特点,在反映形状特征比较明显的主视图上按线框将组合体分解为若干部分,然后通过投影关系找到各线框所表示部分在其他视图中的投影,分析各部分的形状以及它们之间的相对位置关系。最后加以综合,想象出形体的整体形状。现以图 7-12 所示支架的三视图为例,说明形体分析法读图的具体方法和步骤。

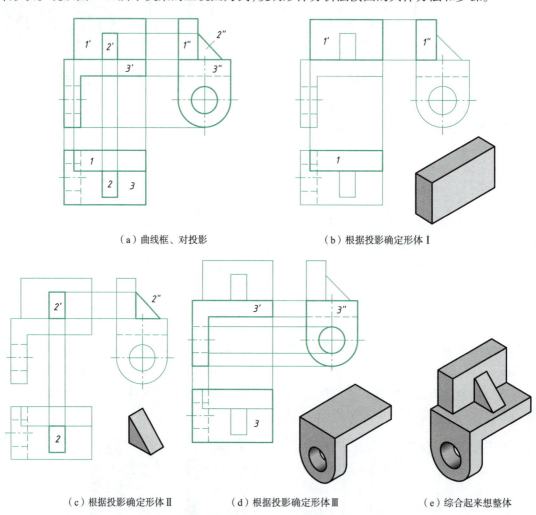

(a)曲线框、对投影　　　　　(b)根据投影确定形体Ⅰ

(c)根据投影确定形体Ⅱ　　(d)根据投影确定形体Ⅲ　　(e)综合起来想整体

图 7-12　形体分析法读图的方法和步骤

① 画线框,对投影。

从主视图入手,将组合体划分为三个封闭线框 1′、2′、3′,可知该组合体由三部分组成,如图 7-12(a)所示。然后,根据投影关系分别找出这些线框在俯视图和左视图中对应的投影,如图 7-12(b)(c)(d)中的粗线框所示。

②根据投影想象基本形体的形状。

由线框1、1′、1″均为矩形,可知其表达的应是长方体,如图7-12(b)所示;线框2、2′虽为矩形,但2″却是三角形,可知其应是三棱柱体,如图7-12(c)所示;线框3、3′、3″表达的形体是下方为半圆柱头、中间有圆柱形通孔的直角弯板,如图7-12(d)所示。

③综合起来想整体。

确定了各线框所表达基本形体的形状后,根据它们之间的相对位置关系,即可想象出组合体的整体形状。由支架的三视图可知,长方体Ⅰ在弯板Ⅲ的上面,其后面和右侧面分别与弯板的后面和右侧面平齐;三棱柱Ⅱ在弯板Ⅲ的上面、紧靠在长方体Ⅰ前面中间处。这样综合起来,即可想象出支架的整体形状,如图7-12(e)所示。

(2)线面分析法

线面分析法是在读图过程中,利用线和面的投影特性来分析形体各部分的形状和相对位置,从而想象出形体整体形状的方法。读形状比较复杂的组合体的视图时,在运用形体分析法的同时,对于局部比较复杂的部分,可用线面分析法来帮助想象和分析。

下面以图7-13所示组合体为例,说明线面分析法在读图中的应用。

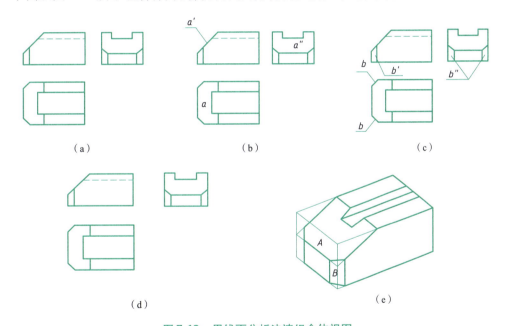

图7-13　用线面分析法读组合体视图

①如图7-13(a)所示,组合体的主、俯视图上有缺角和左视图上有缺口,但三个视图的外形轮廓基本上是长方形,可知该组合体是由一个长方体经切割而形成。

②如图7-13(b)所示,俯视图中的线框a根据投影关系,分别与主视图中的斜线a'和左视图上的线框a''对应。根据投影面垂直面的投影特性,可判断形体左上部被正垂面A切去一部分。

③如图7-13(c)所示,根据投影关系,主视图中的线框b'分别对应俯视图上前、后对称的两条斜线b和左视图上前、后对称的两个线框b''。可确定形体左下部被前、后对称的两个铅垂面B切去两个角。

④如图7-13(d)所示,根据左视图上的缺口和主、俯视图中的对应投影,可知在形体的上

部中间,是一个由前后对称的两个正平面和一个水平面切割出的矩形通槽。

⑤综合上述线面分析,可想象出该组合体是一个长方体在左端被一个正垂面和两个前后对称的铅垂面切割后,在上部中间又被两个前后对称的正平面和一个水平面挖去一个矩形通槽而形成。从而得到组合体的整体形状,如图7-13(e)所示。

例1 补画图7-14(a)所示组合体的俯视图。

①根据形体分析法,由已知视图可知,组合体由矩形底板、带圆角和圆孔的立板以及前部被切去一角的梯形块三部分组成。立板背面及右端面与底板平齐,梯形块前面及右侧面亦与底板平齐,顶面与立板平齐,如图7-14(c)所示。

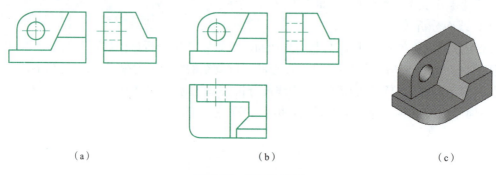

图 7-14 补画俯视图

②分别补绘底板、立板和梯形块的俯视图。矩形底板的俯视图是一个长方形,长度和宽度可由主视图和左视图根据投影关系得到;立板的俯视图基本也为一个长方形,立板上的圆孔在俯视图中的投影为两条虚线;梯形块的形状较为复杂,此处可综合采用线面分析法。根据主视图中斜线与左视图中对应的线框,先将梯形块的左端倾斜面补绘出来,然后再由左视图中的斜线和主视图中对应的线框补出梯形块被切割的平面的投影,最后,结合梯形块的形状将其俯视图补充完整。

③综合考虑组合体的整体形状,根据投影关系,校核检查所补视图的正确性。既要检查每个基本形体的补图是否正确,还要注意每个基本形体之间连接关系的绘制是否正确。组合体的俯视图如图7-14(b)所示。

例2 补画图7-15所示组合体视图中遗漏的图线。

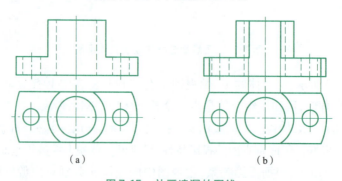

图 7-15 补画遗漏的图线

①由图7-15(a)可知,组合体由上部的圆柱和下部的底盘两部分组成,前后分别被两正平面截切,形体中央有一通孔,圆盘左右各有一小圆孔。

②分析投影图可知,主视图中上部圆柱和下部底盘被切割而形成的截交线的投影被遗漏,底盘顶面的投影也部分被遗漏。根据投影关系依次补绘主视图中所缺的图线,圆柱和底盘的截交线的投影均为两条竖线,根据投影关系直接补出;底盘顶面的投影原本是一条完整的横线,因前后被切割中间部分不再有分界线,故利用"长对正"关系补绘两小段横线即可。

③检查加深,如图 7-15(b)所示。

本节思考

组合体的形状通过组合体的绘制可以将其表达清楚,大小该怎么确定呢？

第4节 组合体的尺寸标注

视图可以将组合体的形状表达清楚,但其真实的大小和相对位置则必须通过标注尺寸来确定。在工业生产和建筑物的建造过程中,必须根据图样上标注的尺寸进行加工和建造。因此,尺寸标注应遵守以下原则:尺寸标注必须符合国家标准的规定;尺寸标注必须完整而清晰,不得遗漏和重复;尺寸标注应做到既符合设计要求,又适合加工和建造。

1. 尺寸种类

尺寸可分为定形尺寸、定位尺寸和总体尺寸。

定形尺寸:确定组合体各组成部分形状大小的尺寸称为定形尺寸。

定位尺寸:确定组合体各组成部分相对位置的尺寸称为定位尺寸。

总体尺寸:确定组合体总长、总宽和总高的尺寸称为总体尺寸。

如图 7-16、图 7-17 所示,轴承可以看成是由底板、立板和加强肋三部分组成。底板的尺寸长 60、宽 34、高 10、圆角半径 $R10$ 及两个圆孔直径 $2 \times \phi10$;加强肋的尺寸 8、13、10;立板的尺寸 $R18$、$\phi20$、宽 14,都属于确定这些组成部分形状大小的定形尺寸。立板上的尺寸 22 用以确定轴承孔在立板上的位置;底板中的尺寸 40、24 则用以确定两个圆孔 $\phi10$ 在底板上分布的位置,都属于定位尺寸。底板的长度尺寸 60 和宽度尺寸 34 也为轴承的总长和总宽尺寸,属于总体尺寸。

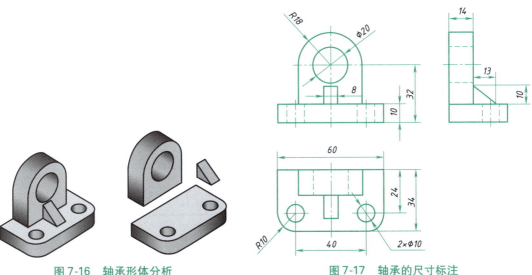

图 7-16 轴承形体分析　　　　图 7-17 轴承的尺寸标注

2. 尺寸基准

尺寸基准是指尺寸标注的起点。标注定位尺寸时,必须在长、宽、高三个方向分别选定尺寸基准,以便从基准出发,确定各组成部分在各个方向上的相对位置。通常情况下,选择组合体上面积较大的底面、端面、对称面和回转体的轴线作为尺寸基准。如图 7-17 所示,轴承在长、宽、高三个方向的尺寸基准,分别选择其左右对称面、后端面和底板的底面。

3. 标注尺寸的步骤

组合体的尺寸标注,可采用形体分析法,即在形体分析的基础上,逐步标注其各组成部分的定形尺寸、确定这些组成部分相对位置的定位尺寸和组合体的总体尺寸。组合体的尺寸标注可按下述步骤进行:先对组合体进行形体分析;然后选择长、宽、高三个方向的尺寸基准,逐一标注出各组成部分的定形尺寸和定位尺寸;最后标注总体尺寸,检查所注尺寸有无遗漏或重复,并进行必要的调整。轴承尺寸标注的步骤如图 7-18 所示。

在标注总体尺寸时需注意,当组合体的总体尺寸与已标注的定形尺寸或定位尺寸一致时,则不必另行标注。如图 7-18 所示,轴承的总长和总宽尺寸分别与底板的长度尺寸 60 和宽度尺寸 34 一致,故不必另行标注;当组合体的一端为回转体时,为了明确地表示回转体中心的位置,总体尺寸一般不直接注出。如图 7-18 所示,标注轴承孔的轴线到底面的定位尺寸 32 后,不需再标注其总高尺寸。除上述两种情况之外,一般都要标注总体尺寸。但在标注出总体尺寸后,已经标注的某些尺寸可能要调整或去除其中多余的尺寸,以免出现封闭尺寸链。

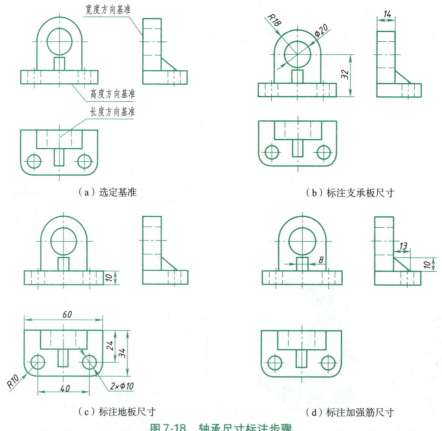

图 7-18 轴承尺寸标注步骤

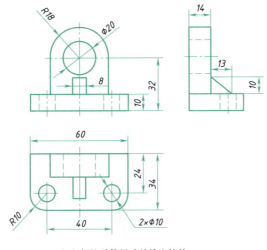

(e)标注总体尺寸并检查校核

图 7-18　轴承尺寸标注步骤(续)

本节思考

掌握了如何手绘组合体的投影图,利用计算机绘图是否可以更加方便快捷呢?

第 5 节　利用 AutoCAD 绘制组合体的三视图

利用 AutoCAD 绘制组合体的三视图有两种方法:一种是采用二维方法绘制;另一种是先创建三维模型,然后将模型投射成三视图。表 7-1 说明了采用建模方法绘制图 7-19 所示组合体三视图的过程。

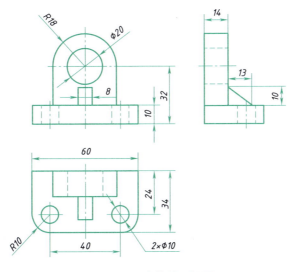

图 7-19　组合体的三视图

表 7-1 绘制组合体三视图示例

序号	内容	操作说明	图例
1	底板建模(1)	执行 box 命令,根据组合体的尺寸标注创建一个长方体;执行"fillet"命令生成底板的两个圆角	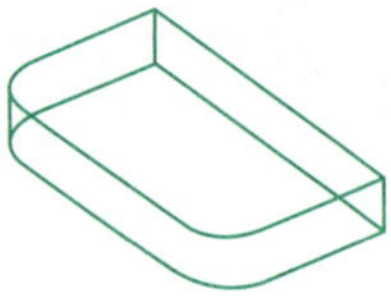
2	底板建模(2)	根据尺寸标注确定底板两个圆孔的圆心位置,执行"cylinder"命令绘制两圆柱,通过布尔运算的"subtract"命令生成两圆孔	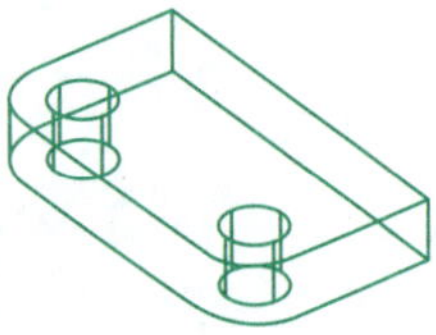
3	支承板建模	利用"ucs"命令,变换坐标系;执行"pline"命令绘制一个封闭线框,通过"extrude"命令得到支承板模型	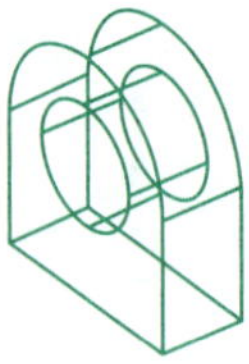
4	加强肋建模	根据尺寸标注,执行"wedge"命令生成加强肋	
5	组合体模型	通过布尔运算的"union"命令将三个基本体组合得到组合体模型	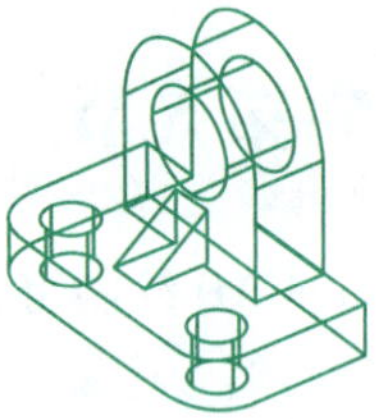
6	组合体设置视图	执行"solview"命令,得到组合体三个方向的投影	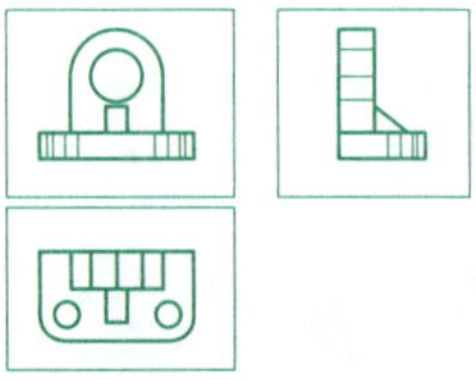
7	组合体设置图形	执行"soldraw"命令,得到组合体的三视图	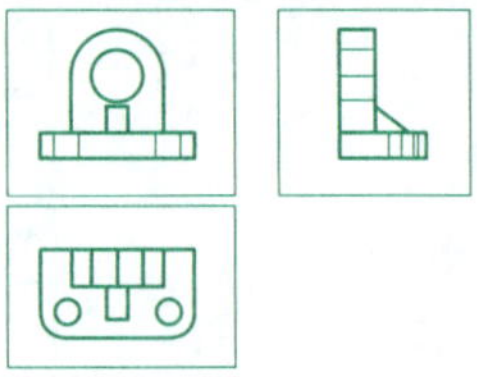
8	整理组合体三视图	关闭视图生成过程中自动生成的"vports"图层,并设置对应的线型线宽,完成全图	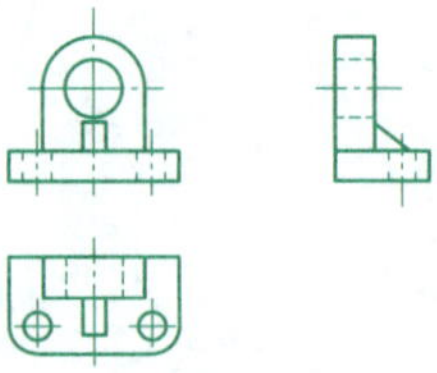

小 结

（1）生活中的形体大多是由基本形体按照叠加和切割的方式组合而成的组合体,组合体的绘制和阅读是工程表达的基础。

（2）绘制组合体的投影图通常采用形体分析法。先假想将组合体分解为若干基本形体,依次画出各基本形体的投影图;再根据各基本形体之间的组合形式、相对位置和表面连接关系,正确地画出各形体之间表面连接的投影,从而清楚地表达出组合体。

（3）组合体读图是工程图学课程学习的重点和难点。读图方法一般先利用形体分析法搞清楚构成组合体的各个基本形体的形状以及组合形式和连接关系,再利用线面分析法思考局部细节。

（4）组合体的尺寸标注,也可采用形体分析法。一般先确定长、宽、高三个方向的尺寸基准,再逐一标注出组成组合体的各基本形体的定形尺寸和定位尺寸,最后标注总体尺寸。

（5）利用 AutoCAD 软件绘制组合体的投影图有两种途径,一种是采用二维命令直接绘制;另一种是先创建三维模型,然后由模型投射生成三视图。

问题

（1）组合体是各基本体按照一定的形式组合在一起的,常见的组合形式有几种?

（2）组成组合体的各基本形体的连接关系大致分为几种情况?

（3）绘制组合体的投影图通常按照什么步骤依次进行?

（4）如何阅读组合体的投影图? 常用的方法有哪些?

（5）尺寸标注是组合体表达的一个重要组成部分。组合体的尺寸一共有三种,分别是什么?

（6）AutoCAD 是一种常用的绘制组合体投影图的软件,你学会利用它绘制形体投影图了吗? 你还知道哪些软件可以用来进行形体三维建模和绘制视图呢?

延伸素材：

鲁班锁

孔明锁,又称鲁班锁,是中国古代民族传统的土木建筑固定结合器,也是广泛流传于中国民间的智力玩具。该锁不用钉子和绳子,完全靠自身结构的连接支撑,就像一张纸对折一下就能够立得起来,它看似简单,却凝结着不平凡的智慧。相传由春秋末期到战国初期的鲁班发明。学生们巧妙利用对鲁班锁;对其拆、测、画,了解中国传统工艺"榫卯"这一组合体结构,感受"古人的智慧"、传统建筑的魅力和力量,从而树立文化自信,激发学生的爱国主义情怀,增强民族自豪感和自信心。

第 8 章 形体的表达方法

在生产实践中,对于形状比较复杂的形体,仅用三视图不能将形体的内外形状正确、完整、清晰地表达出来。为此,国家标准规定了绘制工程图样的基本表达方法,主要包括:基本视图、剖视图、断面图及其他表达方法等。掌握这些表达方法是正确绘制和阅读工程图样的基础。本章将对形体的相关表达方法进行介绍。

通过本章学习,你将重点掌握:
- 基本视图是形体表达的常用方法
- 辅助视图的不同类型与应用情况
- 剖视图和断面图的不同种类和适用性
- 第三分角投影法

第 1 节 基本视图与辅助视图

1. 基本视图

根据国家标准规定,在原有三个投影面的基础之上,再增加三个投影面,组成一个正六面体,这六个投影面称为基本投影面。形体向六个基本投影面投影得到的视图称为基本视图,如图 8-1 所示。基本视图除前面学习过的主视图、俯视图和左视图以外,还包括:由右向左投射所得的右视图,由下向上投射所得的仰视图,由后向前投射所得的后视图。

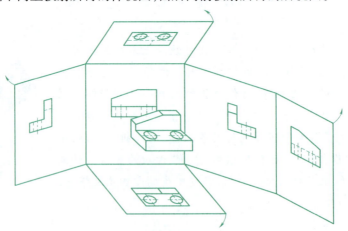

图 8-1 基本视图的形成及展开

六个基本视图的展开方法如图 8-1 所示,六个基本视图的标准配置关系如图 8-2 所示。在同一张图纸内按图 8-2 配置视图时,一律不再标注视图名称。

在表达形体时,通常不需将六个基本视图全部画出,只需根据形体的形状特点和复杂程度选用必要的基本视图。在形体表达完整清晰的前提下,尽可能减少视图的使用数量。

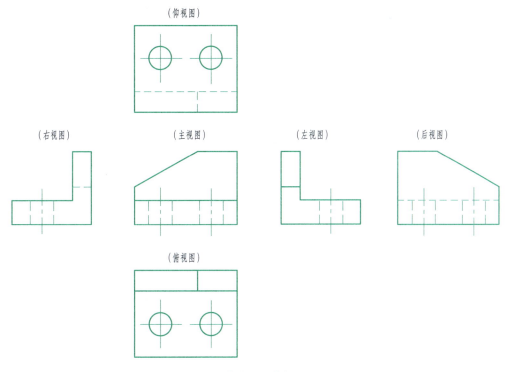

图 8-2 基本视图的标准配置

当形体的基本视图不能进行标准配置时,则可绘制向视图,即在视图上方用大写拉丁字母标出视图的名称"X",称为"X"向视图;在相应的视图附近用箭头指明投影方向,并标注相同的字母"X"。这种位置可自由配置的视图称为向视图,如图 8-3 所示。

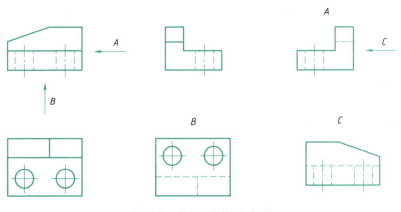

图 8-3 向视图的标注方法

2. 辅助视图

（1）局部视图

将形体的某一部分向基本投影面投射所得到的视图，称为局部视图。局部视图既可按基本视图的形式配置，也可按向视图的形式配置。如图 8-4 所示，A 向视图和 B 向视图均为局部视图，这种表达方法可以很好地将形体的左右两个凸缘表达清楚，并可适当减少绘图工作量。

绘制局部视图时应注意：局部视图的断裂边界通常用波浪线或双折线表示。若局部视图所表达的局部结构是完整的，且外轮廓线又成封闭时，波浪线可省略不画，如图 8-4 中的 A 向局部视图。当局部视图按基本视图的标准位置配置，中间又无其他图形隔开时，可省略标注。

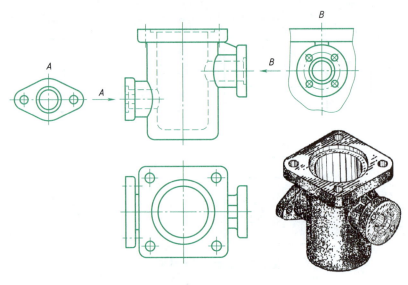

图 8-4　局部视图

（2）斜视图

将形体向不平行于基本投影面的平面投射所得到的投影图，称为斜视图。如图 8-5(a) 所示，弯板的倾斜部分向不平行于基本投影面但与该部分平行的投影面投射即得到斜视图 A；斜视图既可清晰表达弯板倾斜部分的真实形状，作图又比较简便。

斜视图一般仅用于表达倾斜部分的局部形状，所以斜视图只画出倾斜部分的投影，并用波浪线断开，其他部分省略不画。斜视图通常按照向视图的配置形式进行配置并标注，在斜视图上方注明"×"，在相应的视图附近用箭头指明投射方向，并标注相同的字母，如图 8-5(b) 所示；必要时也可将斜视图旋转配置，但旋转后需在该斜视图的上方标注出"×⌒"字样，旋转符号"⌒"的箭头方向为视图旋转方向，如图 8-5(b) 所示。

（3）镜像视图

当形体按第一分角投影法绘制表达不清时，可采用"镜像"投影法表达。如图 8-6 所示的梁、板、柱结构的节点图，因梁、柱均被上部的楼板遮挡，其平面图中梁、柱均为虚线，表达不清又不便于看图。如果作出该形体在水平镜面中的反射图形的正投影，则梁、柱均为可见。这种投影方法称为镜像投影，所得的投影称为镜像视图，并需在图名之后注写"镜像"二字。

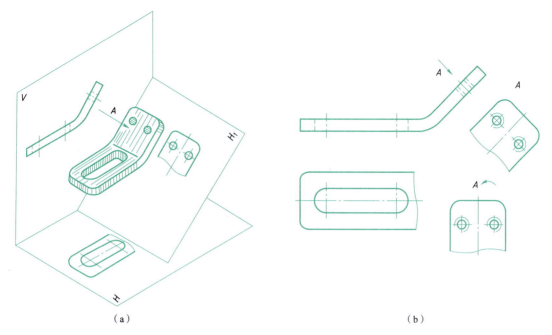

图 8-5 斜视图的形成及画法

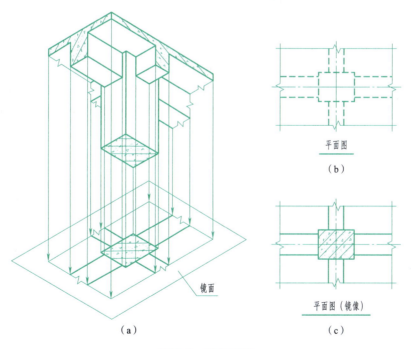

图 8-6 镜像投影

本节思考

基本视图和辅助视图常用于表达形体的外部形状和尺寸大小。形体的内部构造又该如何进行表现呢？

第 2 节　剖面图

1. 剖面图的形成与画法

在画形体的投影图时,形体上不可见的线在投影图上需用虚线画出。但当形体的内部结构和形状比较复杂时,如果都用虚线来表示这些看不见的部分,必然形成图面虚实交错,混淆不清,既不便于标注尺寸,也容易产生混乱。如图 8-7 所示。假想用剖面面剖开形体,将处于观察者和剖切面之间的部分移去,将其余部分向投影面投射,所得的图形称为剖面图,如图 8-8 所示。

在剖面图上,形体内部结构变为可见,因此原本不可见的虚线要画成实线。为了分清楚形体被剖切面剖切的部分与未被剖切的部分,被剖切到的部分应画上材料图例。没有指明具体材料时,可以用等间距、同方向的 45°细斜线来代替材料图例。对于已经表达清楚的结构,剖面图中其虚线应省略不画。只有在不影响图形清晰度的条件下,又可省略一个视图时,才可适当地画出一些虚线,如图 8-9 所示。

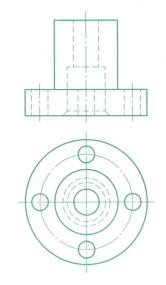

图 8-7　用虚线表示内部形状

由于剖切是假想的,只有在画剖面图时才假想将形体切去一部分,而形体的其他视图则应按完整的形体画出,如图 8-8 中的 H 面投影。

剖面图是为了清楚表达形体的内部结构,因此,剖切平面应尽量多地通过形体上的孔、槽等隐蔽形体的中心线,将形体内部表示清楚。同时,剖切平面应平行于基本投影面,从而使剖面图能够反映实形。

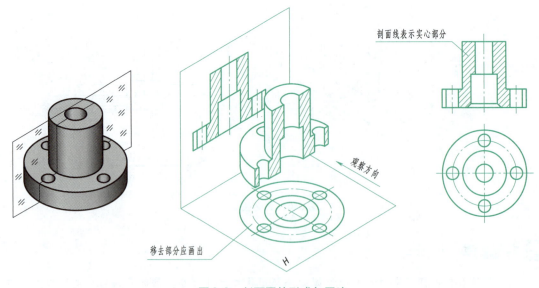

图 8-8　剖面图的形成与画法

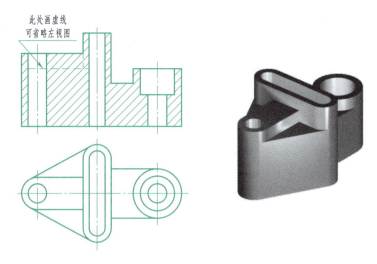

图 8-9 剖面图中虚线的应用

2. 剖面图的种类

根据形体的不同特点和要求,剖面图有如下分类:

(1)全剖面图

用剖切平面完全地剖开形体所得的剖面图,称为全剖面图,简称全剖。当形体的外部形状比较简单,而内部结构较为复杂;或者形体的外形已在其他视图上表达清楚,但其内部结构和形状尚需进一步表达时,通常采用全剖面图。

如图 8-10 所示的泵盖为全剖面图的画法示例。假想用一个剖切平面沿泵盖的前后对称面将其完全剖开,移去前半部分,向正立投影面投射即得泵盖的全剖面图。

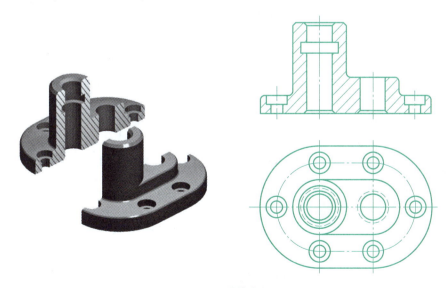

图 8-10 泵盖的全剖面图

在房屋建筑图中,为了表达房屋的内部构造,假想用一水平的剖切平面,通过门、窗洞将整幢房屋剖开,移走上半部分,剖切平面以下部分的视图也是一种全剖面图。这种水平剖切的全剖面图,在房屋建筑图中称为平面图,如图 8-11 所示。

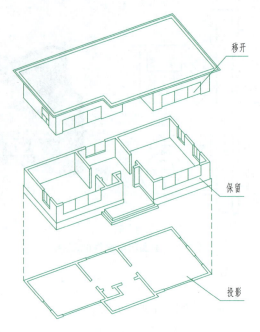

图 8-11　建筑平面图

(2)半剖面图

当形体左右对称或前后对称,而外形又比较复杂时,可以画出由半个外形正投影图和半个剖面图组成的图形,以同时表示形体的外形和内部构造。这种剖面图称为半剖面图。

如图 8-12 所示的形体,左右对称,主视图采用半剖面图,其内外形状均表达清楚;又因该形体前后对称,故其俯视图也采用半剖面图,由于水平剖切面并非形体的上下对称面,所以该半剖面图必须加以标注。

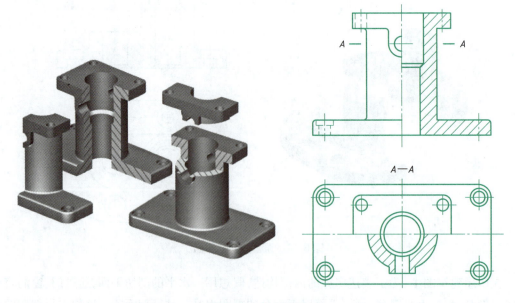

图 8-12　半剖面图

在半剖面图中,剖面图和投影图之间应画分界线,分界线为细点画线,不能画成粗实线。由于半剖面图所表达的是具有对称性的形体,所以半个投影图中不必画出表达其内部结构的虚线,但孔、槽的中心线应画出。当机件的轮廓线与其对称中心线重合时,不宜采用半剖面图。

建筑形体的半剖面图中由对称符号作为分界线。对称符号由对称线和两端的两对平行线组成,如图 8-13 所示。对称线用细单点画线绘制;平行线用细实线绘制,其长度为 6 ~ 8 mm,间距为 2 ~ 3 mm;对称线垂直平分两对平行线,两端超出平行线为 2 ~ 3 mm。当对称线是竖直时,半剖面图画在投影图的右半边;当对称线是水平时,半剖面图可以画在投影图的下半边。

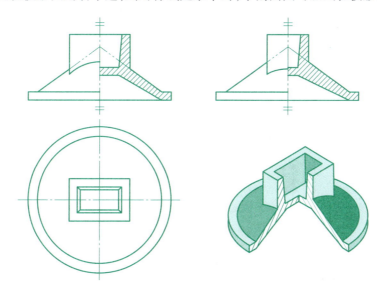

图 8-13　正锥壳基础的半剖面图

(3)局部剖面图

当形体的外形比较复杂,完全剖开后就无法表达清楚它的外形时,可以保留原投影图的大部分,而只将局部部分画成剖面图,称为局部剖面图。投影图与局部剖面图之间,要用徒手画的波浪线(断开界线)分界,如图 8-14 所示。波浪线不应超出形体的轮廓线;在遇有孔或槽时,波浪线应该断开。

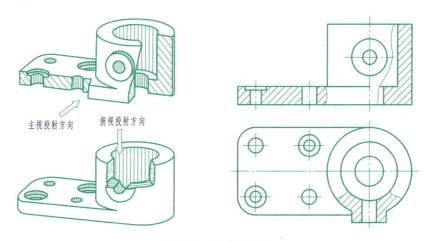

图 8-14　局部剖面图

若在采用一次剖面之后,形体的某些结构仍未表达清楚,还可以在剖面图中再次采用局部剖面,但两次剖面的剖面线需相互错开,如图 8-15 所示。

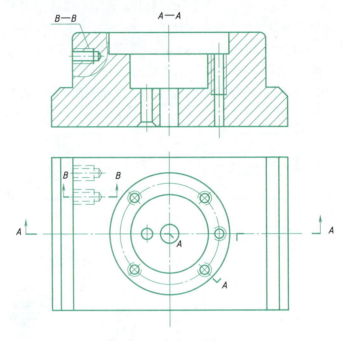

图 8-15　剖面图中的局部剖面

在房屋建筑图中还有一种分层局部剖面图,主要用于表达楼面、地面和屋面的构造。如图 8-16 所示,将多层的构造逐层剖切,画出多个局部剖面图,以表达各层所用的材料和构造情况。多个局部剖面图之间用波浪线将各层分开。

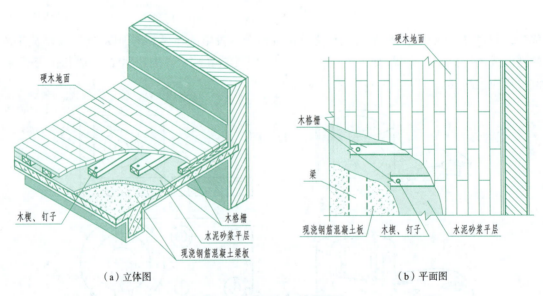

(a) 立体图　　　　　　　　　　　　(b) 平面图

图 8-16　分层剖切的剖面图

(4) 阶梯剖面图

若一个剖切平面不能将形体的内部构造表达清楚时,可用两个(或两个以上)相互平行的剖切平面(均平行于基本投影面),将形体沿着需要表达的地方剖开,绘出剖面图。称为阶梯剖面图,如图 8-17 所示。

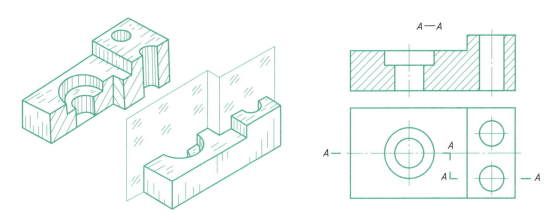

图 8-17　阶梯剖面图

绘制阶梯剖面图时应当注意:阶梯剖面图剖切平面的转折处不画分界线,且其转折处不得与形体的轮廓线重合;在阶梯剖面图中,不应出现不完整的结构要素,只有当两个要素在剖面图上有公共对称中心线或轴线时,才允许分别画出各自要素的一半,并以中心线作为分界线,如图 8-18 所示。

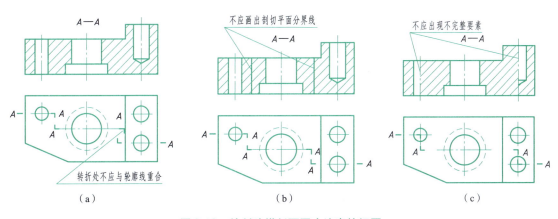

图 8-18　绘制阶梯剖面图应注意的问题

在房屋建筑图中也经常采用阶梯剖面图的形式表达房屋的内部构造,如图 8-19 所示的房屋,如果只用一个平行于 W 面的剖切平面,就不能同时剖开前墙的窗和后墙的窗,这时可采用两个相互平行的平面进行剖切,一个平面剖开前墙的窗,另一个与其平行的平面剖开后墙的窗,所得的 1—1 剖面图,即为阶梯剖面图。

(5) 旋转剖面图

当形体的内部结构用一个剖切平面难以表达清楚,且该形体在整体上又有回转轴时,通常采用两个相交的剖切平面(其交线垂直于某一基本投影面)剖切形体的方法,习惯上称为旋转剖，如图 8-20 所示。绘制旋转剖面图时应注意：首先假想从剖切位置将形体剖开，然后将倾斜的剖切平面剖开的结构绕其旋转轴（即两剖切面的交线）旋转到与选定的基本投影面平行后，再进行投射。形体在剖切平面后面的其他部分，一般仍按原来位置绘制其视图，如图 8-21 中未剖到圆孔的投影。

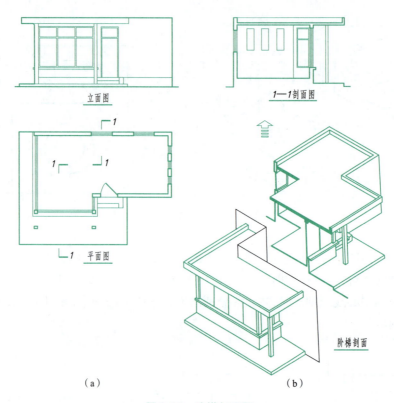

图 8-19　阶梯剖面图

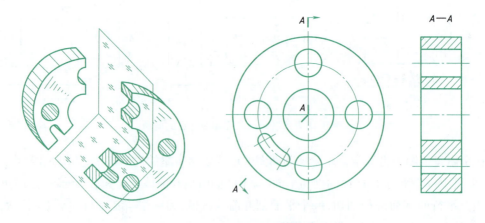

图 8-20　旋转剖面图

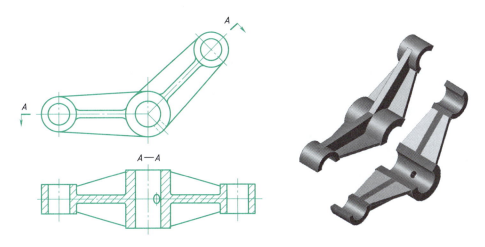

图 8-21　绘制阶梯剖面图应注意的问题

3. 剖面图的标注

在绘制剖面图时，必须对其进行标注。一般情况下，剖面图的标注包含四个部分：

（1）剖切符号

在剖切平面的起始和终止处，画出剖切符号（长 5～10 mm 的短粗实线）以表示其剖切位置。剖切符号不得与图形的轮廓线相交，如图 8-22 中的"A—A"和"B—B"所示。

（2）投射方向

在剖切符号的外侧，用与其垂直的箭头表示剖切后的投射方向，如图 8-22 主视图中表示 B—B 剖面投射方向的箭头。

（3）剖面图名称

在剖切符号的旁边，书写相同的大写字母（如 A），并在相应的剖面图上方标明字母作为剖面图的名称（如 A—A）。

当同一张图纸上同时有几个剖面图时，其名称应按字母顺序排列，不得重复，如图 8-22 中的"A—A""B—B"。

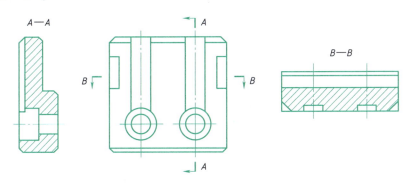

图 8-22　剖面图的标注

（4）剖面符号

在剖切平面剖到的部分，还应画出表示制作材料的剖面符号。不同材料的剖面符号，见

表8-1。在材料不明确时,剖面符号应采用与水平线成45°夹角的等距细实线表示。并且在同一形体的各视图中,剖面线的倾斜方向和间距都必须一致。

表8-1 剖面符号

金属材料(已有规定剖面符号者除外)		木质胶合板(不分层数)	
线圈绕组元件		基础周围的泥土	
转子、电枢、变压器和电抗器等的叠钢片		混凝土	
非金属材料(已有规定剖面符号者除外)		钢筋混凝土	
型砂、填砂、粉末冶金、砂轮、陶瓷刀片、硬质合金刀片等		固体材料	

在建筑制图中,剖面图的标注与机械制图有所区别。剖切后的投射方向通常采用垂直于剖切位置线的短粗线(长度为4~6 mm)来表示,如画在剖切位置线的左边表示向左投射(图8-23)。剖切符号的名称编号采用阿拉伯数字,按顺序由左至右,由下至上连续编排,并注写在投射方向线的端部;同时在剖面图的下方写上与该图相对应的剖切符号编号,作为该视图的图名,如"1—1""2—2"…。

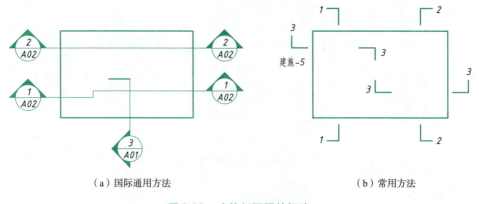

(a)国际通用方法　　　　　　　　(b)常用方法

图8-23　建筑剖面图的标注

本节思考

剖面图是表达形体内部构造情况的一种常用方法,还有其他的表达形式吗?

●●● 第3节 断面图 ●●●

1. 断面图的概念

假想用剖切平面将形体的某处切断,仅画出断面的图形,这个图形称为断面图,简称断面。与剖面图一样,断面图常用来表达形体的内部构造和某一局部结构的断面形状。图8-24(a)为剖切立体的示意图,图8-24(b)为对应的断面图与剖面图。

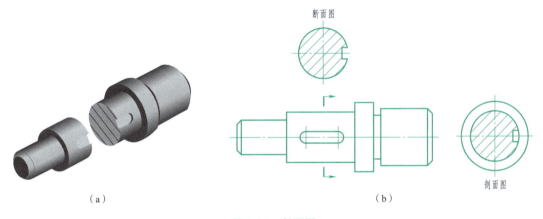

图8-24 断面图

剖面图与断面图的区别在于:

①断面图只画出形体被剖开后断面的投影,而剖面图要画出形体被剖开后整个余下部分的投影,如图8-24(b)所示。

②剖面图是被剖开的形体的投影,是体的投影,而断面图只是一个截口的投影,是面的投影。被剖开的形体必有一个截口,所以剖面图必然包含断面图在内,而断面图虽属于剖面图中的一部分,一般单独画出。

③剖面图中的剖切平面可转折,断面图中的剖切平面不可转折。

2. 断面图的种类

断面图分为移出断面、重合断面和中断断面三种。

(1)移出断面

绘制在视图之外的断面称为移出断面,如图8-25所示的断面。移出断面的轮廓线用粗实线绘制,并尽量配置在剖切符号的延长线上或剖切平面迹线(剖切平面与投影面的交线,用细点画线表示)的延长线上。

(2)重合断面

断面图重合在视图轮廓内的称为重合断面,如图8-26所示。重合断面是假想用剖切平面将形体截切后,然后将截面沿箭头方向旋转90°,使之与视图重合后得到的图形。

重合断面的轮廓线用细实线绘制。当视图中的轮廓线与断面图重叠时,视图中的轮廓线仍应连续画出,不可间断。

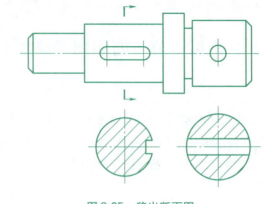

图 8-25　移出断面图

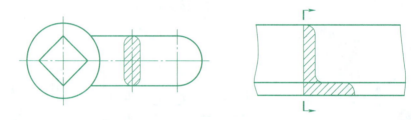

图 8-26　重合断面图

(3) 中断断面

断面图置于投影图的中断处的称为中断断面,如图 8-27 所示。中断的形体画图时应按整体画出,断裂处用波浪线分开,断面轮廓线用粗实线绘制。中断断面不必作任何标注。

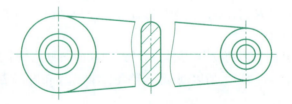

图 8-27　中断断面图

3. 断面图的标注

一般情况下,断面图的标注与剖面图的标注完全相同,如图 8-28(b)所示的"$A—A$"断面。但在下述情况下,可简化标注:配置在剖切符号延长线上且对称的移出断面及对称的重合断面,可以不加任何标注,如图 8-28(a)中右边的断面图及图 8-26 左边的断面图。配置在剖切符号延长线上的不对称移出断面,可将字母省略,如图 8-28(a)中左边的重合断面图;配置在剖切线上的不对称重合断面,也可不注写字母,如图 8-26 所示右边的重合断面图。不配置在剖切符号延长线上的对称移出断面及按投影关系配置的不对称移出断面,均可省略表示投射方向的箭头,如图 8-29 所示的"$A—A$"和"$B—B$"断面。

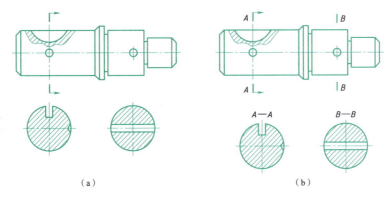

图 8-28 断面图的标注（一）

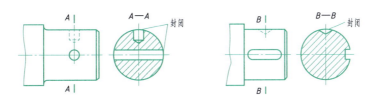

图 8-29 断面图的标注（二）

在建筑制图中，断面图的标注与剖面图区别明显。断面图只画出表示剖切位置线的剖切符号，不画投射方向线，投射方向用编号的注写位置来表示，如图 8-30 所示。

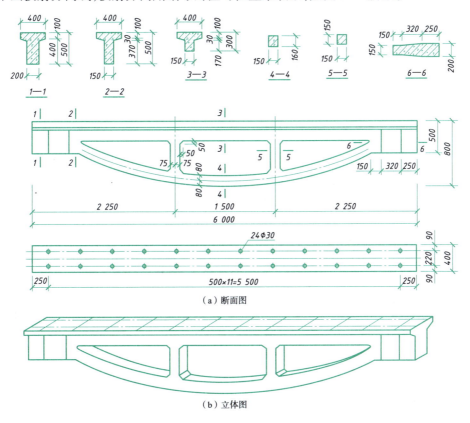

图 8-30 空腹鱼腹式吊车梁

本节思考

我们已了解形体表达的多种方法,这些表达形式全世界通用吗?

第 4 节　第三角投影方法简介

两个相互垂直的投影面将空间分为四个部分,每一部分称为一个分角。如图 8-31(a)所示,V 面的上半部分和 H 面的前半部分之间的区域为第一分角;V 面的下半部分和 H 面的后半部分之间的区域为第三分角;其余对应为二、四分角。世界上有些国家采用第一分角画法,有些国家则采用第三分角画法。本书前面所讲述的多面正投影图的画法,均是第一分角画法。

第三角画法将形体放在第三分角中投影,此时投影面处于形体与观察者之间,在 V 面上由前向后投射得到前视图,在 H 面上由上向下投射得到仰视图,在 W 面上由右向左投射得到右视图,如图 8-31(b)所示。展开投影图时,保持 V 面不动,H 面向上旋转 90°,W 面向右旋转 90°,使得三个投影面位于同一个平面,得到形体的三视图,如图 8-31(c)所示。与第一分角画法类似,采用第三角画法的三视图也遵守正投影的投影规律:主、俯视图长对正;主、右视图高平齐;俯、右视图宽相等,前后对应。

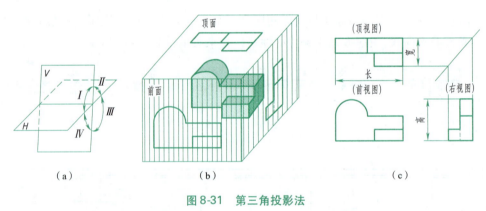

图 8-31　第三角投影法

小　　结

(1)基本视图是形体表达最常用的方法。基本视图一共六个,分别为主视图、后视图、仰视图、俯视图、左视图、右视图。辅助视图包括局部视图、斜视图和镜像视图,分别适用于不同类型形体的表达。

(2)剖面图常用于外形简单而内部构造较复杂形体的表达。剖面图有全剖面图、半剖面图、阶梯剖面图、局部剖面图和旋转剖面图五种,在绘制形体的剖面图时,需根据形体的内部结构情况选择合适的剖面图种类。

(3)断面图分为移出断面、重合断面和中断断面三种。断面图的画法和标注方法都与剖面图有明显区别。

(4)第三角投影法是欧美国家常用的投影体系方法,由前视图、顶视图和右视图组成。第三角投影与第一角投影方法类似,都遵守正投影的投影规律。

问题

(1)基本视图是形体表达的常用方法,基本视图一共有几个,摆放位置有规定吗?

(2)剖面图常用于表达形体的内部构造,一共有几类?分别适用什么类型的形体表达?

(3)建筑和机械图样中,剖面图的标注有何异同?

(4)断面图与剖面图有什么区别?在形体表达中,适用性有何分别?

(5)断面图一共有几种类型,在建筑和机械图样中的标注方法相同吗?

(6)第三角投影法与第一角投影法有什么不同?哪些国家采用第三角投影,我国在国家标准中对第三分角有何规定?

延伸素材: >>>>>>

机械图的出现

在江西瑞昌铜岭古铜矿遗址中,发现了大量的桔槔、弹簧、滑车和辘轳等机械和机械零件,这说明早在商代就能够制造和使用提升机械了。在四川成都杨子山汉代画像砖墓中,出土了一块绘有井盐场全景的画像砖,画像砖上绘有盐井、井架、滑轮和工人操作提升机械的情景。这些实物的出土,足以证明我国是世界上最早发明并使用机械和图样的国家。

第 9 章 轴测投影

多面正投影图的优点是能够完整、准确地表达形体的形状和大小,而且作图简便,所以在工程实践中被广泛采用。但是,这种图缺乏立体感,要有一定的读图能力才能看懂。例如图 9-1 所示的垫座,如果单画出它的三面投影[图 9-1(a)],则由于每个投影只反映出形体的长、宽、高三个向度中的两个,不易看出形体的形状。轴测图[图 9-1(b)]能同时表达出空间物体的长、宽、高三个方向的形状。轴测图的优点是直观性强,能一目了然地表达出物体的形状。因此,轴测图作为辅助图样得到了广泛应用。轴测图的不足是度量性差,所画图形使物体形状产生变形,不能确切地表达物体的形状和大小,作图也比较麻烦。所以,轴测图在生产中一般用来作为正投影图的辅助图样。本章将主要介绍轴测投影。

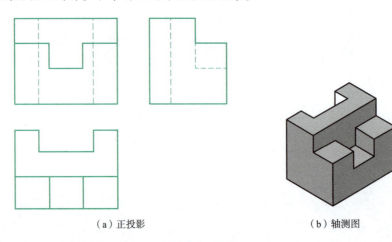

(a)正投影　　　　　　　　(b)轴测图

图 9-1　垫座

通过本章学习,你将重点掌握:
- 轴测图的基本知识
- 正等轴测图
- 斜二等轴测图

第 1 节　轴测图的基本知识

轴测投影是把形体连同确定其空间位置的三根坐标轴 OX、OY、OZ 一起,沿不平行于任一

坐标平面的方向 S，投射到新投影面 P 或 Q 上，所得的具有立体感的投影。轴测投影也称为轴测投影或轴测图，如图 9-2(a)所示。

在轴测投影中，投影面 P 和 Q 称为轴测投影面，三根坐标轴 OX、OY、OZ 的轴测投影 $O'X'$、$O'Y'$、$O'Z'$ 称为轴测轴，分别简称 X 轴、Y 轴、Z 轴。

轴测轴上的单位长度与相应投影轴上的单位长度的比值，称为轴向伸缩系数，分别用 p_1、q_1、r_1 表示，其中 $p_1 = \dfrac{O'A_1}{OA}, q_1 = \dfrac{O'B_1}{OB}, r_1 = \dfrac{O'C_1}{OC}$。

轴测轴之间的夹角，即 $\angle X'O'Z'$、$\angle X'O'Y'$ 和 $\angle Y'O'Z'$，称为轴间角。在画图时，规定把 $O'Z'$ 轴画成竖直方向，如图 9-2(b)(c)所示，则 $O'X'$ 和 $O'Y$ 与水平线的夹角分别标记为 φ 和 σ，称为轴倾角。

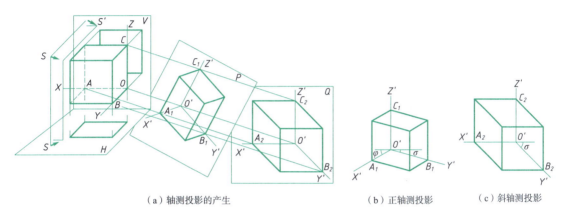

(a) 轴测投影的产生　　(b) 正轴测投影　　(c) 斜轴测投影

图 9-2　轴测投影

轴测投影既然是根据平行投影原理做出的，所以它必然具有如下特性。

(1)空间相互平行的直线，它们的轴测投影仍然相互平行。因此，形体上平行于三根坐标轴的线段，在轴测投影上，都分别平行于相应的轴测轴。

(2)空间相互平行两线段的长度之比，等于它们平行投影的长度之比。因此，形体上平行于坐标轴的线段的轴测投影长度与线段实长之比，等于相应的轴向伸缩系数。

只要给出各轴测轴的方向(轴间角大小或轴倾角 φ 和 σ)以及各轴向伸缩系数(p_1、q_1、r_1)，便可根据形体的正投影图，做出它的轴测投影。在画轴测投影时，只能沿着平行于轴测轴的方向和按相应轴向伸缩系数，画出形体长、宽、高三个方向的线段，所以这种投影称为轴测投影。"轴测"的含义就是"沿轴测量"。

轴测图分为正轴测图和斜轴测图两大类。当投射方向垂直于轴测投影面时，称为正轴测图，当投射方向倾斜于轴测投影面时，称为斜轴测图。

由此可见：正轴测图是由正投影法得到的，而斜轴测图则是用斜投影法得到的。

轴测图按轴测轴的伸缩系数是否相等而分成三种：当三根轴测轴的伸缩系数都相等时，称等测图，简称等测；只有两根相等时，称二等测图，简称二测；三根都不相等时，称三测图，简称三测。

因为轴测图的种类比较多，以下主要介绍正等测和斜二测。

在轴测图中，用粗实线画出物体的可见轮廓，为了使画出的图形清晰明显，通常不画出物体的不可见轮廓，但在必要时，可用虚线画出物体的不可见轮廓。

本节思考

我们已掌握了轴测图的基本概念，不同种类的轴测图又有哪些不同？轴测图的具体作图方法是怎样的？下面我们重点介绍正等轴测图。

第2节 正等轴测图

1. 轴间角和各轴向的简化系数

前面已指出，当投射方向 S 垂直于轴测投影面 P 时，所得的投影称为正轴测投影。如图 9-3(a)所示，使三条坐标轴对轴测投影面处于倾角都相等的位置，也就是将图中立方体的对角线 A_0O_0 放成垂直于轴测投影面的位置，并以 A_0O_0 的方向作为投射方向，所得到的轴测图就是正等轴测图。

如图 9-3(b)所示，正等轴测图的轴间角都是 120°，各轴向伸缩系数都相等，即 $p_1 = q_1 = r_1 \approx 0.82$。为了作图简便起见，常采用简化系数，即 $p = q = r = 1$。采用简化系数作图时，沿各轴向的所有尺寸都用真实长度量取，简捷方便。因而画出的图形沿各轴向的长度都分别放大了约 $1/0.82 \approx 1.22$ 倍，但因为这个图形与用各轴向伸缩系数 0.82 画出的轴测图是相似图形，如图 9-3(c)所示，所以通常都用简化系数来画正等轴测图。

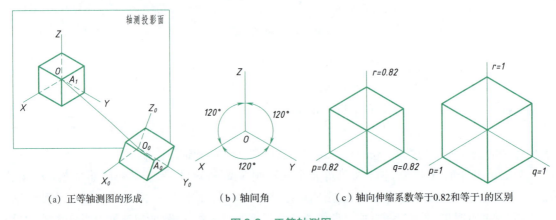

(a) 正等轴测图的形成　　(b) 轴间角　　(c) 轴向伸缩系数等于0.82和等于1的区别

图 9-3　正等轴测图

2. 平面立体正等轴测图

轴倾角和轴向伸缩系数确定之后，可根据形体的特征，选用各种不同的作图方法，如坐标法、装箱法、端面法、叠砌法等，做出形体的轴测图。

例 1　作图 9-4 所示的形体的正等轴测图。

解：由图 9-4 所示的三视图通过形体分析和线面分析可知，该形体是由长方体被切去三部分而成。所以可先画出长方体的正等轴测图，然后按切割法，把长方体上需要切割掉的部分逐个切去，即可完成该形体的正等轴测图。

为了方便地画出长方体的正等轴测图，现确定图 9-4 中所附加的坐标轴。

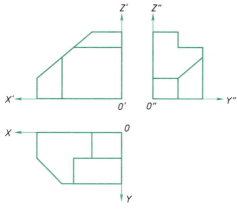

图 9-4 三视图

作图步骤：

(1) 作轴测轴。画出尚未切割时的长方体的正等轴测图[图 9-5(a)]。

(2) 根据三视图画出长方体左上角被正垂面切割掉一个三棱柱后的正等轴测图[图 9-5(b)]。

(3) 在长方体被正垂面切制后，再根据三视图画出左前角被一个铅垂面切掉三棱柱后的正等轴测图[图 9-5(c)]。

(4) 再根据三视图画出右上角被一个正平面和一个水平面切掉四棱柱后的正等轴测图[图 9-5(d)]。

(5) 擦去作图线，加深轮廓[图 9-5(e)]。

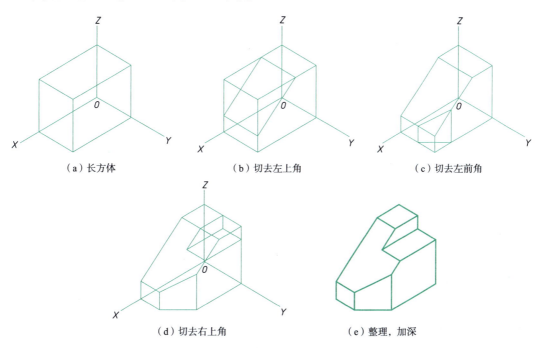

图 9-5 用切割法作物体的正等测图

 已知台阶的投影图[图 9-6(a)]，求作它的正等测图。

解:进行形体分析,台阶由两侧栏板和三级踏步组成。一般先逐个画出两侧栏板,然后再画出踏步。

作图步骤:

(1)画两侧栏板。先根据侧栏板的长、宽、高画出一个长方体[图9-6(b)],然后切去一角,画出斜面。

(2)画出两斜边,得栏板斜面[图9-6(c)]。

(3)用同样方法画出另一侧栏板,注意要沿 $O'X'$ 方向量出两栏板之间的距离[图9-6(d)]。

(4)画踏步。一般在右侧栏板的内侧面(平行于 W 面)上,先按踏步的侧面投影形状,画出踏步端面的正等轴测图,即画出各踏步在该侧面上的投影[图9-6(e)]。凡是底面比较复杂的棱柱体,都可先画端面,这种方法称为端面法。

(5)过端面各顶点引线平行于 $O'X'$,得踏步[图9-6(f)]。

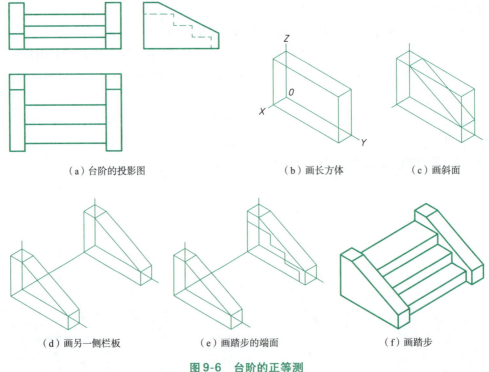

(a)台阶的投影图　　(b)画长方体　　(c)画斜面

(d)画另一侧栏板　　(e)画踏步的端面　　(f)画踏步

图9-6　台阶的正等测

从上述两例可见,整个作图过程,始终是按三根轴测轴和三个轴向伸缩系数来确定长、宽、高的方向和尺寸。对于不平行于轴测轴的斜线,则只能用"坐标法"或"装箱法"等进行画图。

3. 圆的正等轴测图

在平行投影中,当圆所在的平面平行于投影面时,它的投影还是圆。而当圆所在平面倾斜于投影面时,它的投影就变成椭圆(图9-7)。

从正等轴测图的形成已知,三个坐标面与轴测投影面的倾角都是相等的。因此,平行于三个坐标面的直径相等的圆,都投影成形状相同、大小相等的椭圆。现以平行于 H 面的圆[图9-8(a)]为例,说明作图方法如下:

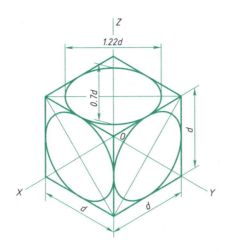

图 9-7 平行于坐标面的圆的正等轴测图

①过圆心沿轴测轴方向 $O'X'$ 和 $O'Y'$ 作中心线,截取半径长度,得椭圆上四个点 B_1、D_1 和 A_1、C_1,然后画出外切菱形[图 9-8(b)]。

②菱形短对角线端点为 O_1、O_2。连 O_1A_1、O_1B_1,它们分别垂直于菱形的相应边,并交菱形的长对角线于 O_3、O_4,得四个圆心 O_1、O_2、O_3、O_4[图 9-8(c)]。

③以 O_1 为圆心,O_1A_1 为半径作圆弧 $\widehat{A_1B_1}$,又以 O_2 为圆心,作另一圆弧 $\widehat{C_1D_1}$[图 9-8(d)]。

④以 O_3 为圆心,O_3A_1 为半径作圆弧 $\widehat{A_1D_1}$,又以 O_4 为圆心,作另一圆弧 $\widehat{B_1C_1}$[图 9-8(e)]。所得近似椭圆,称为四心扁圆。

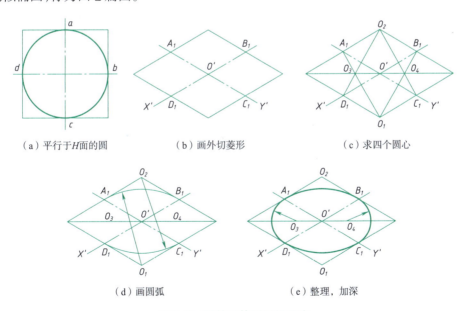

图 9-8 圆的正等测近似画法

椭圆长、短轴的长度与方向的规律,如图 9-7 所示:

(1)水平面上的椭圆的长轴垂直于 Z 轴,短轴平行于 Z 轴;侧平面上的椭圆的长轴垂直于 X 轴,短轴平行于 X 轴;正平面上的椭圆的长轴垂直于 Y 轴,短轴平行于 Y 轴。图中各菱形为圆的外切正方形的正等测图,长轴方向为菱形的长对角线,短轴方向为菱形的短对角线。

(2)各椭圆长、短轴的长度,当 $p=q=r=1$ 时,可以计算出各椭圆的长轴$\approx 1.22d$,各椭圆的短轴$\approx 0.7d$。

4. 回转体的正等轴测图的画法

1)圆柱体画法

图 9-9 所示为轴线平行于 Z 轴的圆柱体的作图步骤。

(1)在投影图上选定直角坐标系,如图 9-9(a)所示。

(2)作上、下底圆的正等轴测图,如图 9-9(b)所示。先作上底圆正等测——完整椭圆,然后采用"移心法",作下底圆正等测的可见部分——下半椭圆。

(3)作上下两个椭圆的公切线,得到圆柱体的两条转向素线,如图 9-9(c)所示。

(4)清理图面,加粗图线,就得到了圆柱体的正等轴测图,如图 9-9(d)所示。

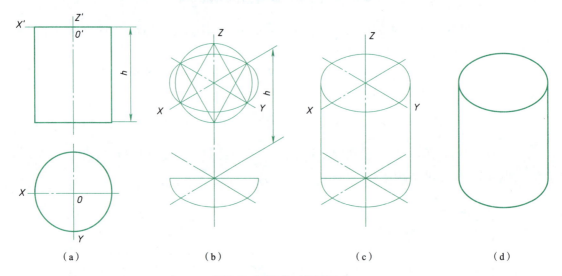

图 9-9 圆柱的正等测画法

图 9-10 所示为轴线平行于三根坐标轴的三个圆柱体的正等测图。从图中可看出,三个圆柱的顶圆的正等测椭圆形状大小相同,但椭圆的长、短轴方向不相同。

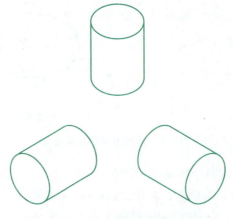

图 9-10 三个方向的圆柱体正等测

2）圆角画法

平行于坐标面的圆角，实质上是平行于坐标面的圆的一部分，因此，圆角的正等轴测图是椭圆的一部分。如果圆角是圆周的四分之一弧长，则其正等轴测图是椭圆四段圆弧中的一段，其作图步骤是：

（1）根据图 9-11（a）画出平板无圆角时的正等测图，再根据圆角半径 R，作出棱线与圆角的切点 1、2、3、4，如图 9-11（b）所示。

（2）过点 1、2、3、4 分别作相应棱线的垂线，它们的交点 O_1、O_2 为圆角圆弧的圆心，如图 9-11（c）所示。

（3）以 O_1、O_2 为圆心，O_11、O_23 为半径，分别画出圆角的圆弧，如图 9-11（d）所示。

（4）沿 Z 轴方向将圆心 O_1 和 O_2 下移板厚 h，分别以 O_11、O_23 为半径，画出板的下底面的两圆弧，并作出右端上、下小圆弧的公切线，如图 9-11（e）所示。

（5）清理图面，加粗图线，就得到了带圆角的平板的正等测图，如图 9-11（f）所示。

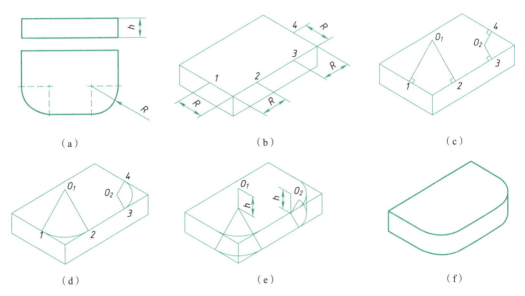

图 9-11 圆角的正等测作图步骤

3）画法举例

例 3 作出曲面组合体[图 9-12（a）]的正等测。

解：从正投影图[图 9-12（a）]中可看出，该曲面组合体是由带圆角和圆孔的底板、带半圆和圆孔的竖板两部分叠加而成的。画这个曲面组合体的正等轴测图时，可采用叠加法，圆（半圆）和圆角可采用前面介绍的方法画出。

作图步骤：

（1）画出带圆角的底板，如图 9-12（b）所示。

（2）画出带半圆的竖板，如图 9-12（c）所示。

（3）画出圆孔，如图 9-12（d）所示。

（4）清理图面，加粗图线，如图 9-12（e）所示。

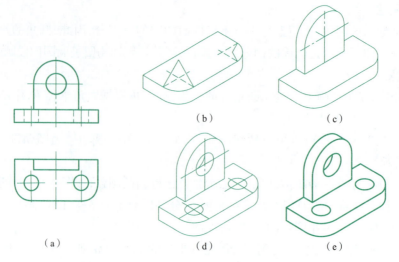

图 9-12 曲面体的正等测

例 4 根据柱冠的投影图[图 9-13(a)]作正等测图。

解：柱冠自上而下是由方板、圆板、圆台和圆柱组成，宜用叠砌法作图，画法较简便。柱冠上部的形体大，下部的形体小，应选自下往上投射。

作图步骤：

(1) 确定轴测轴方向、画出方板。为简化作图，可先画底面、然后往上画高度[图 9-13(b)]。

(2) 以方板底面的中点 O_1 作为圆心，画圆板顶面的四心椭圆[图 9-13(c)]。

(3) 画圆板的底面，先从 O_1 起，往下量圆板厚度，得圆板底面的圆心 O_2，然后再画一个四心椭圆[图 9-13(d)]。

(4) 画出圆板轮廓线，仍以 O_2 为圆心，作圆台顶面圆的四心椭圆[图 9-13(e)]。

(5) 作圆台底面圆。先求圆心 O_3，再画四心椭圆[图 9-13(f)]。

(6) 引两斜线与两椭圆相切，得圆台轮廓线[图 9-13(g)]。

(7) 画圆柱，圆柱是假想截断的，应在断面处画上材料图例[图 9-13(h)]。

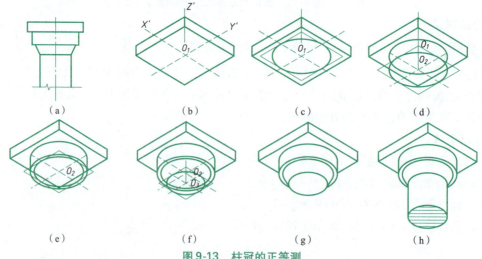

图 9-13 柱冠的正等测

> **本节思考**
>
> 我们已学习了最为常见的正等轴测图,而有一些情况下却更适合选择另一种轴测图——斜二等轴测图,你知道哪些呢?

第3节　斜二等轴测图

1. 正面斜轴测图的轴间角和轴向伸缩系数

如图 9-2 所示,当 Z 轴铅垂放置,坐标面 XOZ 平行于轴测投影面 Q(正平面),投射方向 S 倾斜于轴测投影面时,所得到的轴测图即为正面斜轴测图。在这种情况下,轴测轴 $O'X'$ 和 $O'Z'$ 仍分别为水平方向和铅垂方向;轴向伸缩系数 $p=r=1$,轴间角 $\angle X'O'Z'=90°$;而 $O'Y'$ 的方向和轴向伸缩系数 q 可随投射方向的改变而变化。一般取 $O'Y'$ 轴与水平线的夹角为 $45°$,当 $q=0.5$ 时,形成斜二等轴测图,简称斜二测图。

$O'Y'$ 轴的方向可根据表达的需要选择图 9-14(a)或图 9-14(b)所示的形式。

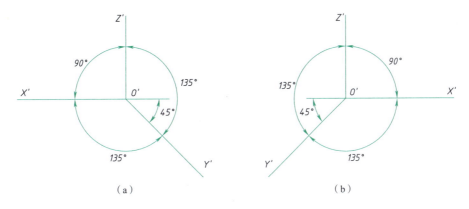

图 9-14　斜二测的轴间角

由于 XOZ 坐标面平行于轴测投影面,所以物体平行于 XOZ 坐标面的平面,在斜轴测图中映实形。因此,作轴测图时,在物体具有较多的平行于 XOZ 坐标面的圆或曲线的情况下,选用斜轴测图,作图比较方便。

2. 斜二测图的画法

例 5　画出台阶[图 9-15(a)]的斜二测图。

解:台阶上平行于 XOZ 坐标面的平面,在斜二测图中反映实形,可采用直接画法,即按实形画出台阶的前面,再沿 Y' 方向向后加宽($q=0.5$),画出中间和后面的可见轮廓线。

作图步骤:如图 9-15(b)~(e)所示。

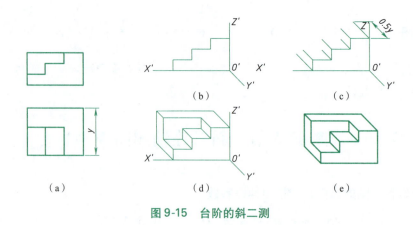

图 9-15 台阶的斜二测

●●●小　　结●●●

（1）将三面投影图与轴测图进行比较可知，轴测图的直观性强，能一目了然地表达出物体的形状。不足是度量性差，不能确切地表达物体的形状和大小，作图也比较麻烦。

（2）根据投射方向与轴测投影面的位置关系，轴测图分为正轴测图和斜轴测图两大类。比较常用的是正等测图和斜二测图。

（3）采用四心扁圆法可以画出平行于投影面的圆的轴测投影。

（4）轴倾角和轴向伸缩系数确定之后，可根据形体的特征，选用各种不同的作图方法，如坐标法、装箱法、端面法、叠砌法等，做出形体的轴测图。

（5）当物体上具有许多平行于坐标平面 XOZ 的圆或曲线时，一般选用斜二测图。

问题

（1）轴测图分为哪两大类？与多面正投影图相比较，有哪些特点？

（2）正等轴测图属于哪一类轴测图？它的轴间角、各轴向伸缩系数分别为何值？它们的简化伸缩系数为何值？

（3）试述平行于坐标平面的圆的正等轴测图近似椭圆的画法。这类椭圆的长、短轴的位置有什么特点？

（4）画轴测图的一般作图步骤是什么？Z 轴通常放成什么位置？

（5）一般常用的斜二轴测图属于哪一类轴测图？它的轴间角和各轴向伸缩系数分别为多少？

（6）当物体上具有平行于两个或三个坐标平面的圆时，选用哪一种轴测图较适宜？

（7）当物体上具有许多平行于坐标平面 XOZ 的圆或曲线时，选用哪一种轴测图作图较方便？

延伸素材：>>>>>>

中国古代轴测图

汉代，图样的表达有了新的突破，出现了三维图形。从出土的汉代画像砖上的建筑纹样可以看到三维的立体建筑图。这种表达方法与现在的轴测投影很接近。在宋代苏颂撰写的《新仪象法要》中,仪象台总图也是这种画法的代表。

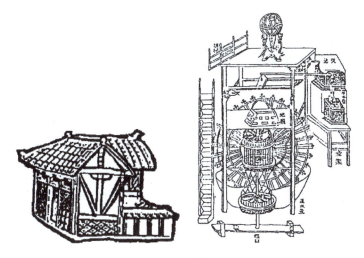

图 9-16　仪象台总图

第 10 章 房屋建筑图

房屋是人们生活、生产、工作、学习和娱乐的场所。将一幢拟建房屋的内外形状和尺寸,以及各部分的结构、构造、装修、设备等内容按照国家标准的规定,用正投影方法详细准确地绘制出的图样称为房屋建筑图。

通过本章学习,你将重点掌握:
- 施工图的产生与分类
- 建筑工程图的绘读
- 结构工程图的绘读
- 给排水工程图的绘读

第 1 节 房屋建筑图概述

1. 产生与分类

房屋的建造包括设计和施工两个环节,设计又分为方案设计和施工图设计两个阶段。

方案设计阶段的任务是提出设计方案,完成初步设计图。主要包括总平面图、平面图、立面图和剖面图等基本图样,用以表明建筑的平面布置、立面处理、结构选型等。方案图图样的表现方法较多,例如可画上透视、阴影、配景,或用色彩渲染以加强图面效果,必要时还可做出小比例的模型来辅助表达,显示建筑物竣工后的外貌,便于比较和审查。

施工图设计主要是在方案设计的基础之上,加深设计深度,将初步设计图按照施工的要求予以修改和完善。为施工安装,编制施工预算,安排材料、设备和非标准构配件的制作等提供完整的、准确的图纸依据。一套完整的施工图,根据其专业内容或作用的不同,一般分为:

(1)图纸目录:所有图纸的编号及名称。

(2)设计总说明:内容主要包括施工图的设计依据;本工程项目的设计规模和建筑面积;本项目的相对标高与总图绝对标高的对应关系等与工程设计密切相关的内容。

(3)建筑施工图(简称建施):包括总平面图、平面图、立面图、剖面图和建筑详图。

(4)结构施工图(简称结施):包括结构平面布置图和各结构构件详图。

(5)设备施工图(简称设施):包括给水排水、采暖通风、电气等设备的平面布置图和详图。

2. 常用符号和图例

定位轴线:指施工图中用以标明房屋的基础、墙、柱、墩和屋架等承重构件的轴线,定位轴线是施工时定位、放线的重要依据。

根据国家标准规定,定位轴线采用细点画线表示,并进行编号。轴线编号的圆圈用细实线,直径一般为 8~10 mm,如图 10-1 所示。在平面图上横向编号采用阿拉伯数字,从左向右依次编写。竖向编号用大写英文字母,自下而上依次编写。英文字母中的 I、O 及 Z 三个字母不得作轴线编号,以免与数字 1、0 及 2 混淆。在较简单或对称的房屋中,平面图的轴线编号,一般标注在图样的下方及左侧。较复杂或不对称的房屋,图形上方和右侧也可标注。

对于一些与主要承重构件相联系的次要构件,它的定位轴线一般作为附加轴线,编号用分数表示。分母表示前一轴线的编号,分子表示附加轴线的编号,用阿拉伯数字顺序编写。

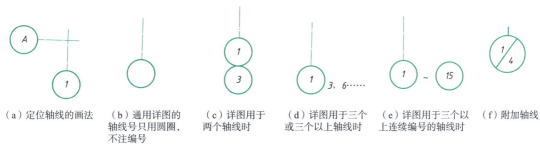

图 10-1 定位轴线的各种注法

标高符号:用以表示某一部位高度的符号。在总平面图、平面图、立面图和剖面图上,均需用标高符号。标高符号用细实线绘制,如图 10-2 所示。标高数值一般以米为单位,一般注至小数点后三位数(总平面图中为两位数)。标高分为绝对标高和相对标高,我国将青岛附近黄海平均海平面定为绝对标高的零点,其他各地标高都以此为基准。总平面图中的标高一般为绝对标高。

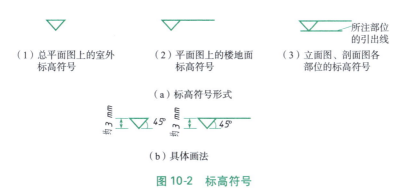

图 10-2 标高符号

索引符号:施工图中的某一局部或构件需要另见详图时,应标注索引符号以及说明详图的位置、详图的编号以及详图所在的图纸编号。按国家标准规定,索引符号为一细实线圆,直径为 10 mm。引出线对准圆心,圆内画一水平直径,上半圆中用阿拉伯数字注明详图的编号,下半圆中用阿拉伯数字注明该详图所在图纸的图纸号。如详图与被索引的图样在同一张图纸内,则在下半圆中间画一水平细实线。索引出的详图,如采用标准图,应在索引符号水平直径的延长线上加注该标准图册的编号,如图 10-3 所示。

详图符号:针对施工图中的某一局部或构件绘制的详图应标注详图符号。详图符号为一粗实线圆,直径为 14 mm。详图与被索引的图样同在一张图纸内时,应在符号内用阿拉伯数字注明详图编号。如不在同一张图纸内,可用细实线在符号内画一水平直径,在上半圆中注明详图编号,在下半圆中注明被索引图纸号,如图10-4所示。

指北针:一层平面图应画指北针,用以表明房屋的朝向。指北针用细实线绘制,圆的直径为 24 mm。指尖所示为北向,指针尾部宽度为 3 mm。需用较大直径绘制指北针时,指针尾部宽度为直径的1/8,如图10-5所示。

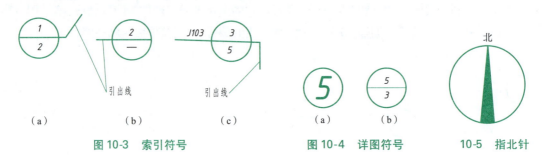

图 10-3　索引符号　　　　　　　图 10-4　详图符号　　　10-5　指北针

本节思考

了解了房屋建筑图的基本知识,你知道建筑施工图、结构施工图和设备施工图分别绘制的是什么内容呢?

第 2 节　房屋建筑图识读

1. 建筑施工图

建筑施工图是表示建筑物的总体布局、外部造型、内部布置、细部构造、内外装饰、固定设施和施工要求的图样。一般包括:总平面图、建筑平面图、建筑立面图、建筑剖面图和建筑详图。

绘制和阅读建筑施工图,应根据正投影原理和遵守《房屋建筑制图统一标准》(GB/T 50001—2017);在阅读和绘制总平面图和建筑平面图、立面图、剖面图和建筑详图时,必须遵守对应的《总图制图标准》(GB/T 50103—2010)和《建筑制图标准》(GB/T 50104—2010)。

1)总平面图

将拟建工程四周一定范围内的新建、拟建、原有和拆除的建筑物、构筑物连同其周围的地形地物状况,用水平投影方法和相应的图例所画出的图样,即为总平面图。它反映建筑的平面形状、位置、朝向和与周围环境的关系,因此是新建筑的施工定位、土方施工及施工总平面设计的重要依据。总平面图一般采用 1∶300,1∶500、1∶1 000、1∶2 000 的比例进行绘制。

总平面图图示内容主要包括以下内容。

(1)图名、比例,如图10-6所示。

(2)地理位置。新建筑(隐蔽工程用虚线表示)的定位坐标(或相互关系尺寸)、名称(或编号)、层数及室内外标高;相邻建筑和拆除建筑的位置或范围;地形测量坐标网(坐标代号宜用"X、Y"表示)或建筑坐标网(坐标代号宜用"A、B"表示)。

(3)环境状况：附近的地形地物，如等高线、道路、水沟、河流、池塘、土坡等；道路(或铁路)和明沟等的起点、变坡点、转折点、终点的标高与坡向箭头；绿化规划、管道布置。

名称	图例	说明	名称	图例	说明
新建建筑物	 8	①需要时，可用▲表示出入口，可在图形内右上角用点或数字表示层数。②建筑物外形(一般以±0.00高度处的外墙定位轴线或外墙面线为准)用粗实线表示。需要时，地面以上建筑用中粗实线表示，地面以下建筑用细虚线表示	新建的道路	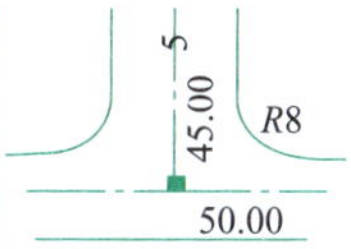 45.00 R8 5 50.00	"R8"表示道路转弯半径为8 m，"50.00"为路面中心控制点标高，"5"表示"5%"，为纵向坡度，"45.00"表示变坡点间距离
原有的建筑物		用细实线表示	原有的道路		
计划扩建的预留地或建筑物		用中粗虚线表示	计划扩建的道路		
拆除的建筑物	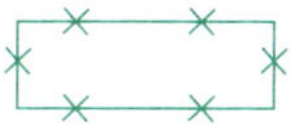	用细实线表示	拆除的道路		
坐标	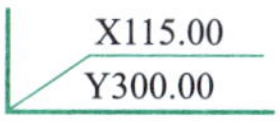 X115.00 Y300.00	表示测量坐标	桥梁		①上图表示铁路桥，下图表示公路桥；②用于旱桥时应注明
	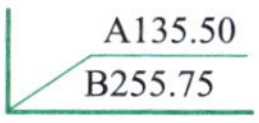 A135.50 B255.75	表示建筑坐标		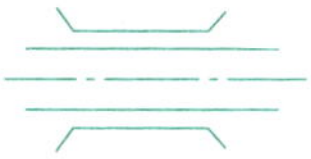	
围墙及大门		上图表示实体性质的围墙，下图表示通透性质的围墙，如仅表示围墙时不画大门	护坡	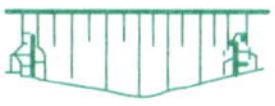	①边坡较长时，可在一端或两端局部表示；②下边线为虚线时，表示填方
			填挖边坡		
台阶		箭头指向表示向下	挡土墙		被挡的土在"突出"的一侧
铺砌场地	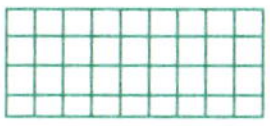		挡土墙上设围墙		

图 10-6 总平面图图例

(4)补充图例和文字说明。风向玫瑰图简称风玫瑰,一般画出12个或16个方向的长短线表示该地区常年的风向频率,线最长的方向为该地区全年出现最多的风向。

总平面图的绘制应根据具体工程的特点和实际情况而定。对一些简单的工程,可不画出等高线、坐标网或绿化规划和管道的布置。

图10-7是某房屋的总平面图。由图可知:比例为1∶250。新建房屋包括地面建筑和地下建筑两部分,虚线区域为地下建筑范围线,是人防地下室;地面建筑包括新建建筑和原有建筑,由图中所注图例可区分;图中左上角虚线表示规划建筑。图中绘出了建筑周围的车位布置及绿化情况。图中标注 XY 坐标及相关尺寸,风玫瑰表示该地区全年最大风向频率为东风。

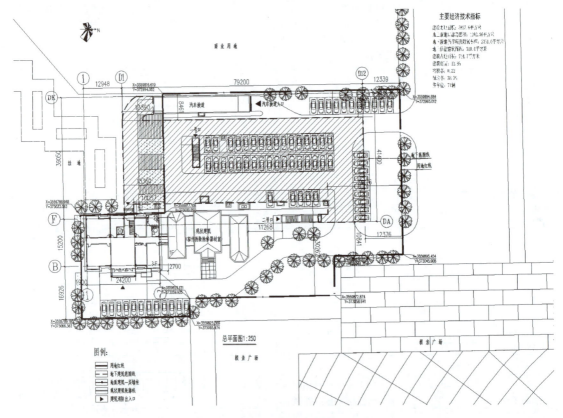

图10-7 某房屋的总平面图 1∶250

2)平面图

假想用一个水平面,沿门窗洞的位置将房屋剖开,移去上半部分,向下投影所得到的水平全剖视图即为建筑平面图。建筑平面图主要用来表示房屋的平面布局情况,是施工图中最基本的图样之一。一般来说,房屋有几层,就应画出几个平面图,并在图的下方注写对应的图名。

平面图图示内容主要包括:

(1)图名、比例。

(2)定位轴线及编号。

(3)房间平面布置情况。房间组合分隔及尺寸、墙柱形状、门窗位置及编号。

(4)建筑构配件。如:楼梯、踏步、雨篷、阳台、雨水管、散水、排水沟等位置、形状和尺寸;厕所、厨房等房间固定设施的布置。

(5)室内外标高。

(6)首层平面图标注指北针、剖面图的剖切符号和编号。

(7)屋顶平面图一般包括,女儿墙、檐沟、屋面坡度、分水线、变形缝、水箱及其他构筑物等。

现以某工程的平面图(图10-8)为例,说明平面图的阅读方法。

(1)由图名可知,图10-8为房屋的一层平面图,比例是1:100。在一层平面图右下角,画有一个指北针的符号,说明房屋的朝向不是通常的坐北朝南,而是东西方向。

(2)根据图10-8中墙的分隔情况和房间的名称,可知除门厅和楼梯间外,还有总控制室、计算机控制室、配电室、通信电爆室、卫生间、通信机房、值班室等若干个房间。

(3)根据图10-8中门窗的编号,可知门窗的类型、数量及其位置。国家标准规定门的代号是"M",窗的代号是"C",在代号后面写上编码,如M1021,M1828…和C1820,C1620…。同一编码表示同一类型的门窗,它们的构造和尺寸都一样。通常情况下,在首页图或在与平面图同页图纸上,附有一门窗表,表中包括门窗的编号、名称、尺寸、数量及其所选标准图集的编号等内容。至于门窗的具体做法,则要看门窗的构造详图。

(4)由图10-8可知室外台阶、散水位置以及楼梯、卫生间的配置和位置情况。卫生间内设施通常采用图例表示,可参看国家标准有关规定。

(5)根据图中定位轴线的编号及其间距,可知房屋是框架结构,涂黑的部分是钢筋混凝土柱。水平方向定位轴线为1~7,竖直方向定位轴线为A~G。

(6)平面图中尺寸包括外部尺寸和内部尺寸。

①外部尺寸。一般注写在图形的下方及左侧,共有三道尺寸,俗称"外三道"。

第一道尺寸,表示房屋的总尺寸,即从一端外墙边到另一端外墙边的总长和总宽尺寸。根据平面图的形状与总长总宽尺寸,可计算出房屋的占地面积。

第二道尺寸,表示定位轴线间的距离,用以说明房间的开间及进深的尺寸,如:值班室的开间为3.90 m、进深为7.10 m。

第三道尺寸,表示各细部的位置及大小,如门窗洞宽和位置、墙柱宽度和位置等。标注这道尺寸时,应与轴线联系起来。

三道尺寸线之间应保留适当距离(一般为7~10 mm,但第三道尺寸线应离图形最外轮廓线10~15 mm),以便注写尺寸数字。当房屋前后或左右不对称时,则平面图上四边都应注写尺寸。如有部分相同,另一些不相同,可只注写不同的部分。

②内部尺寸。为了说明房屋内部门窗洞、孔洞、墙厚和固定设施的大小与位置,以及室内楼地面的高度,在平面图上应注写相关内部尺寸和楼地面标高。楼地面标高是指各房间的楼地面对标高零点(注写为±0.000)的相对高度,亦称相对标高。通常将首层主要房间的地面定为标高零点(如图中门厅)。而室外地面标高是-0.450,即表示室外地面比门厅地面低45 mm。

(7)一层平面图通常绘出剖面图的剖切符号,如1—1,表明剖切位置以便与剖面图对照查阅。

(8)卫生间部分用虚线圈出,并用引线标注"卫生间大样一",表示卫生间部分有对应的大样图(详图)可供查阅。

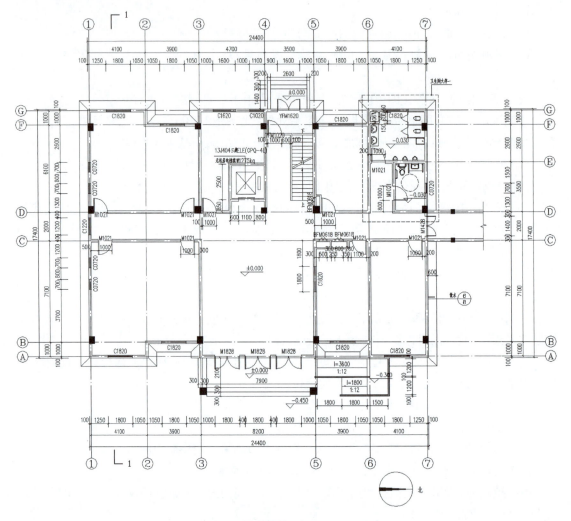

图 10-8 某房屋的一层平面图 1:100

3)立面图

在与房屋立面平行的投影面上所作的房屋正投影图,称为建筑立面图,简称立面图。它主要反映房屋的外貌和立面装修的一般做法。反映主要出入口或比较显著地反映出房屋外貌特征的那一面的立面图,称为正立面图,其余的立面图相应地称为背立面图和侧立面图。

立面图图示内容主要包括:

(1)图名、比例。

(2)建筑构配件。房屋的勒脚、台阶、花台、门、窗、雨篷、阳台;室外楼梯、柱;外墙的预留孔洞、檐口、屋顶(女儿墙或隔热层)、雨水管、墙面分格线或其他装饰构件等。

(3)标高。如室外地面、台阶、窗台、门窗顶、阳台、雨篷、檐口、屋顶等处完成面的标高。立面图上一般不注写高度方向尺寸。

(4)建筑物两端或分段的轴线及编号。

(5)建筑物的外轮廓线及室外地平线。

(6)外墙面的装修材料及做法。

现以图10-9所示立面图为例,说明立面图的阅读方法:

(1)由图名可知该图是房屋正立面图,比例为1:100。

(2)由图10-9可了解房屋正立面的基本情况,如:房屋正立面左右对称,屋顶由三部分组成,均为坡屋顶。屋顶檐口及女儿墙另有大样图参照阅读。主入口在中间,上方为雨篷,雨篷设计有栏杆,可作观景台使用;主入口右方设有坡道。

(3)由图中标高标注可知,房屋室外地面比室内地面低0.45 m,女儿墙顶面处为11.45 m,中间屋顶最高处为13.55因此房屋外墙总高度为14 m。标高一般注在图形外,并做到符号排列整齐、大小一致。或房屋立面左右对称时,一般注在左侧。不对称时,左右两侧均应标注。由图中尺寸标注可知,窗台的高度为900 mm,窗户的高度为2 000 mm。窗户的尺寸也可采用标高标注的方式进行标注。

(4)由图中文字说明,可了解房屋外墙面装修的做法,如外墙主要采用乳白色真石漆,窗户部分采用白色涂料;檐口上半部为白色涂料,下半部为浅蓝色涂料;屋顶采用蓝色沥青瓦屋面。勒脚采用浅灰色涂料,一层窗台为米黄色真石漆。

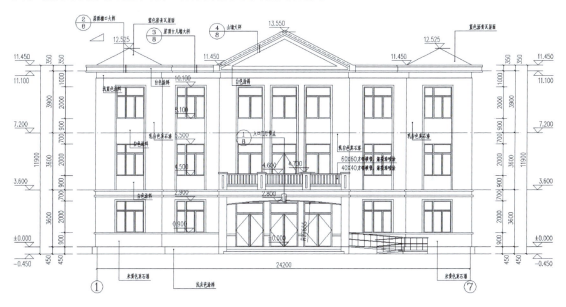

图10-9 某房屋的立面图 1:100

4)剖面图

假想用一个或多个垂直于外墙轴线的铅垂剖切面将房屋剖开,所得的投影图称为剖面图。剖面图用以表示房屋内部的结构或构造形式、分层情况和各部位的联系、材料及其高度等。剖面图的图名编号应与平面图上所标注剖切符号的编号一致,如1—1剖面图、2—2剖面图等。

剖面图图示内容主要包括:

(1)图名、比例。

(2)建筑物内部分层情况,各建筑部位的高度、楼梯的分段及平台、踏步情况。

(3) 主要承重构件如梁、板、柱位置以及材料和连接部位做法。

(4) 室外地面、散水、排水沟及阳台、雨篷等高度及构造情况。

(5) 定位轴线及索引符号。

现以图 10-10 所示剖面图为例,说明剖面图的阅读方法:

(1) 由图名可知,剖面图为 1—1 剖面图,比例为 1:100。结合平面图上的剖切标注可知,剖切平面是通过总控制室和计算机控制室,剖切后向右投射得到的剖面图。

(2) 由图可知,左右两边坡屋顶与中间部分有所不同,中间为两坡屋面,而两边为四坡屋面。三楼房间分隔情况与下面两层不同,人防指挥室中间没有隔墙。由图还可了解檐口部分、排水沟的构造情况以及前后出入口的立面构造情况。

(3) 由剖面图材料图例可知,房屋为框架结构,承重构件梁、板、柱均由钢筋混凝土材料制备。图中还绘出了窗户与外墙及檐口的连接情况。

(4) 由图中尺寸标注和标高标注可知楼地面、屋顶的标高及层高。对剖切到的承重构件需标注定位轴线。

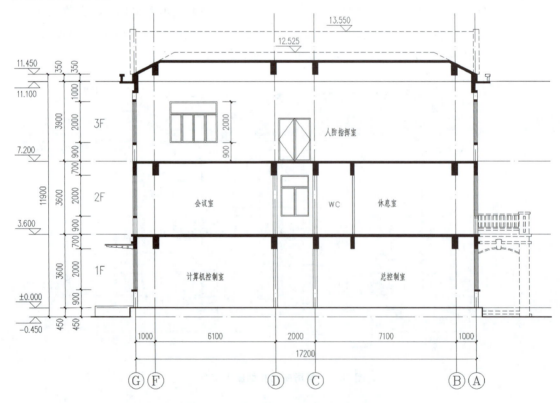

图 10-10　某房屋的 1—1 剖面图 1:100

5) 详图

对房屋的细部结构、配件用较大的比例(1:20、1:10、1:5、1:2、1:1等)将其形状、大小、材料和做法,按正投影图的画法详细地表示出来的图样,称为详图。详图的图示方法,视细部构造的复杂程度而定。有时只需一个剖面详图就能表达清楚(如墙身剖面图)。有时还需另加平面详图(如楼梯间、卫生间等)或立面详图形(如门窗),有时还要另加一轴测图作为补充说明。常见详图有:外墙身详图、楼梯详图和门窗详图等。

现以楼梯详图为例,说明详图的阅读方法:

楼梯是多层房屋上下交通的主要设施。楼梯是由楼梯段、平台和栏板等组成。楼梯详图一般包括平面图、剖面图及踏步、栏板详图等。

(1) 楼梯平面图

楼梯平面图是指通过该楼层门窗洞和往上走的第一梯段(休息平台下)的任一位置处将楼梯剖开向下投射所得的剖面图。通常每一层楼都要画出楼梯平面图,三层以上的房屋,当中间各层的楼梯位置构造完全相同时,通常只画出首层、中间层和顶层三个平面图即可。

楼梯平面图中需标注楼梯间的开间和进深尺寸、楼地面和平台面的标高尺寸,以及各细部的详细尺寸。各层被剖切到的梯段,按国家标准规定,均在平面图中以一根45度折断线表示剖切位置。在每一梯段处画有一长箭头,并注写"上"或"下"字和步级数,表明从该层楼(地)面往上或往下走多少步级可到达上(或下)一层的楼(地)面。一层平面图还应注明楼梯剖面图的剖切符号,如图10-11所示。

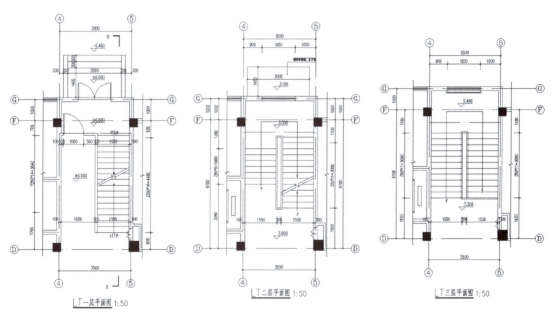

图 10-11　楼梯平面图 1:50

(2) 楼梯剖面图

楼梯剖面图是假想用一铅垂平面,通过其中一个梯段将楼梯剖开,向另一未被剖到的梯段方向投射所得的剖面图。在多层房屋中,若中间各层的楼梯构造相同时,剖面图可只画出首层、中间层和顶层剖面,中间用折断线分开。楼梯剖面图主要表达房屋的层数、楼梯梯段数、步级数以及楼梯的类型及其结构形式。楼梯剖面图需标注地面、平台面、楼面等的标高和梯段、栏板的高度尺寸,如图10-12所示。

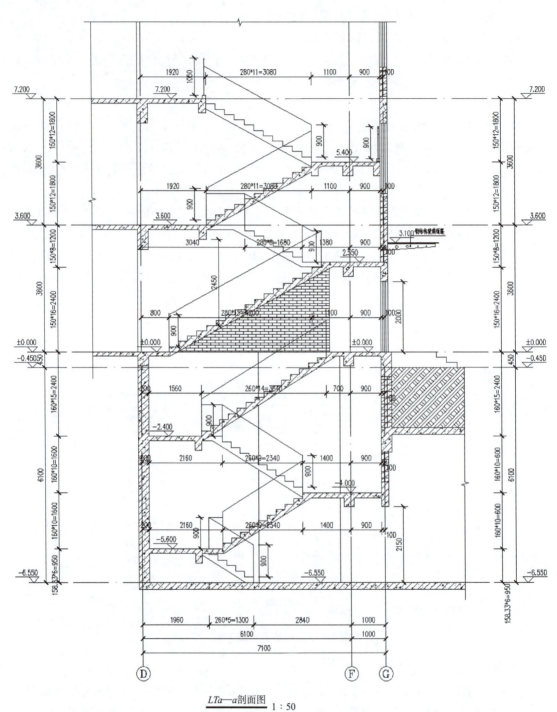

$LTa—a$ 剖面图 1:50

图 10-12　楼梯剖面图 1:50

本节思考

建筑施工图主要表达房屋的外观和平面布局等情况，解决的是房屋美观性和实用性的问题，那么房屋安全性该如何保证呢？

2. 结构施工图

在房屋设计中,除进行建筑设计,画出建筑施工图外,还要进行结构设计,以保证房屋在各种荷载作用下的安全使用。即根据建筑的要求,进行结构选型和构件布置,并通过力学计算,决定房屋各承重构件的材料、形状、大小,并将设计结果绘成图样,以指导施工,这种图样称为结构施工图,简称"结施"。结构施工图是制作和安装构件、编制施工计划和预决算的重要依据。

结构施工图通常包括:结构设计说明,结构平面图,构件详图,其他详图等。

①结构设计说明包括:抗震设计与防火要求,地基与基础,地下室,钢筋混凝土各结构构件,砖砌体,后浇带与施工缝等部分选用的材料类型、规格、强度等级,施工注意事项等。很多设计单位已把上述内容一一详列在一张"结构说明"图纸上,供设计者选用。

②结构平面图包括:

a. 基础平面图,工业建筑及设备基础布置图;

b. 楼层结构平面布置图,工业建筑还包括柱网、吊车梁、柱间支撑、连系梁布置图等;

c. 屋面结构平面图,包括屋面板、天沟板、屋架、天窗架及支撑系统布置图等。

③构件详图包括:

a. 梁、板、柱及基础结构详图;

b. 楼梯结构详图;

c. 屋架结构详图。

④其他详图,如支承详图等。

房屋结构的基本构件,如梁、板、柱等,种类繁多,布置复杂,为了图示简明清晰,国家标准GB/T 50105—2010 对常用构件分别规定了代号。现摘录部分常用构件代号,见表 10-1。

表 10-1　常用构件代号

名　称	代　号	名　称	代　号
板	B	屋架	WJ
屋面板	WB	框架	KJ
楼梯板	TB	刚架	GJ
墙板	QB	柱	Z
梁	L	框架柱	KZ
框架梁	KL	基础	J
屋面梁	WL	桩	ZH
圈梁	QL	挡土墙	DQ
过梁	GL	雨篷	YP
基础梁	JL	阳台	YT
楼梯梁	TL	钢筋网	W

结构平面布置图是假想沿楼板面将房屋水平剖开后所作的水平投影图,用来表示的梁、板、柱、墙和基础等承重构件的平面布置,现浇楼板的构造与配筋,以及它们之间的结构关系。

结构平面布置图主要表示结构构件的平面布置、数量、型号及相互关系,单一结构构件的形状、尺寸和配筋是通过构件详图来描述的。这种传统的将平面布置图与构件详图分开表达的做法,不仅绘图烦琐,而且给对照读图带来困难,不便于设计和施工。目前工程界推广使用的"钢筋混凝土结构施工图平面整体表示方法"将结构构件的尺寸和配筋,按照相应的制图标准整体直接表达在各类构件的结构平面布置图上,再结合标准构造详图,即构成一套完整的结构设计施工图。钢筋混凝土结构施工图平面整体表示方法简称平法。采用平法表示方法,楼层结构平面布置图通常被拆画为"柱平法施工图""梁平法施工图""板平法施工图"和"墙平法施工图"。

结构平面图图示内容包括:

①标注出与建筑图一致的轴线网和轴线间尺寸,以及墙、梁、柱等构件的位置与编号。

②在现浇楼板的平面图上,画出钢筋配置。标注板上预留孔洞的大小及位置。

③注明圈梁或门窗洞过梁的编号。

④注出各种梁、板的结构标高。有时还可注出梁的断面尺寸。

⑤注出有关剖切符号或详图索引符号。

⑥附注说明各种材料强度等级,板内分布筋的代号、直径、间距及其他要求等。

(1)现以图 10-13 为例,说明柱平法施工图的阅读方法。

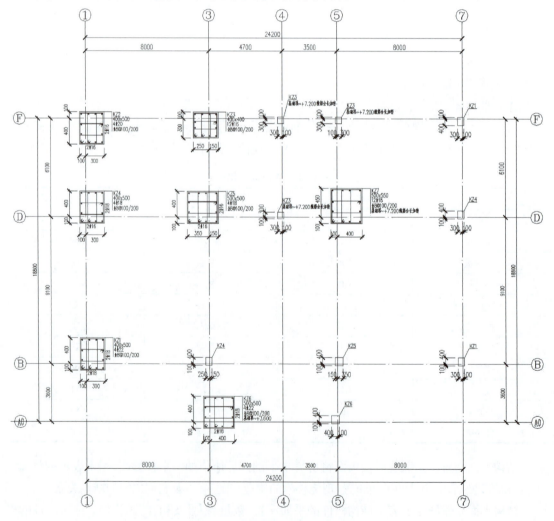

图 10-13　某工程柱配筋图 1:100

柱平法施工图是在柱平面布置图上采用列表注写方式或截面注写方式进行表达。柱平面布置图可采用适当比例单独绘制,也可与剪力墙平面布置图合并绘制。以图10-13为例说明柱平法施工图的截面注写方式,即在柱平面布置图的柱截面上,分别在同一编号的柱中选择一个截面,以直接注写截面尺寸和配筋具体数值的方式来表达。

下面以施工图中 KZ 柱为例,说明柱集中标注的含义:

KZ2

400×500

$4\phi20$

$\phi8@100/200$

第一行表示柱编号,由类型代号和序号组成。图中的柱表示编号为"KZ2",即2号框架柱,见表10-2。

表10-2 常用柱编号

柱类别	代号	序号	柱类别	代号	序号
框架柱	KZ	XX	梁上柱	LZ	XX
转换柱	ZHZ	XX	剪力墙上柱	QZ	XX
芯柱	XZ	XX			

第二行表示柱的断面尺寸。400×500 表示柱 KZ2 的截面尺寸,单位为毫米(mm)。

第三行表示柱纵筋。$4\phi20$ 表示4根直径为20 mm 的钢筋。

第四行注写柱箍筋,包括钢筋的级别、直径和间距,用斜线"/"区分柱端箍筋加密区与柱身非加密区长度范围内箍筋的不同间距。

$\phi8@100/200$ 表示直径为8 mm,间距是200 mm,而在加密区,间距是100 mm。斜线"/"前表示柱端箍筋加密区箍筋的间距,其后表示柱身非加密区箍筋的间距。如果没有斜线"/",则表示箍筋沿柱全高为同种间距。

(2)现以图10-14为例,说明梁平法施工图的阅读方法。

梁平法施工图是在梁的平面布置图上采用平面注写方式和截面注写方式表达。平面注写方式是在梁的平面布置图上,分别在不同编号的梁中各选一根梁为代表,在其上注写截面尺寸和配筋数值。平面注写包括集中标注和原位标注,集中标注表达梁的通用数值,原位标注表达梁的特殊数值。读图时,当集中标注与原位标注不一致时,原位标注优先。下面以施工图中 KLF 梁为例,说明梁集中标注的含义:

$KLF(4)250 \times 700$

$\phi8@100/200(2)$

$2\phi16$

$N6\phi12$

第1行表示梁的名称及截面尺寸。KL:梁的代号,表示为框架梁。F:编号,即为F号框架梁。250×700 表示梁的截面尺寸,单位为毫米(mm)。4:跨数,即梁一共4跨。

第2行表示箍筋配置情况。$\phi8$:表示直径为8 mm 的 HRB400 钢筋,斜线"/"为区分加密区和非加密区而设置,斜线前面的"100"表示加密区箍筋间距,斜线后面的"200"表示非加密区的箍筋间距,括号中的"(2)"表示箍筋的支数为 2 支。

第 3 行表示梁上部通长筋或架立筋根数。既有通长筋又有架立筋时,应用"+"将通长筋和架立筋相连,架立筋写在加号后面的括号内。2ϕ16 表示通长筋为两根直径为 16 mm 的 HRB400 钢筋。

第 4 行表示腰筋配置。常用于高度大于或等于 450 mm 的梁,如"G4ϕ8"中 G 表示是按构造要求配置的构造钢筋;"N"则表示按计算配置的抗扭钢筋。若是有变化,则需要采用原位标注。

第 5 行表示可选注梁的顶面标高高差,本处省略。梁的顶面标高高差,是指相对于结构层楼面标高的高差值。有高差时,须将其写入括号内,无高差时则不用标注。如(0.100)表示梁顶面标高比本层楼的结构层楼面标高高出 0.1 m;(−0.100)则表示梁顶面标高比本层楼的结构层楼面标高低 0.1 m。

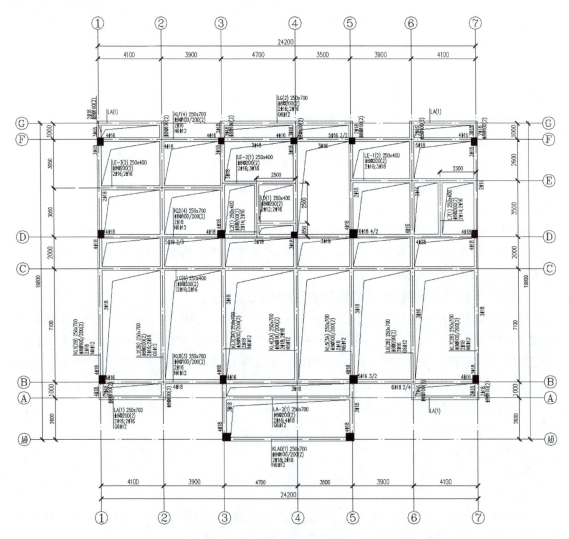

图 10-14　某工程一层梁配筋图 1∶100

梁的原位标注的含义,说明如下:

进行梁的原位标注时,要特别注意各种数字符号的注写位置。标注在纵向梁的后面表示梁的上部配筋,标注在纵向梁的前面表示梁的下部配筋。标注在横向梁的左边表示梁的上部配筋,标注在右边表示下部配筋。当上部或下部纵筋多于一排时,用斜线"/"将各排纵筋自上而下分开。例如,图10-14中框架梁KLF为横向梁,梁的左边标注的"5φ163/2",表示梁的上部配筋为3根直径16的HRB400钢筋,分两排布置,上面第一排3根,第二排2根。当同排纵筋有两种直径时,用"+"将两种直径的钢筋标注相连。

截面注写方式是在梁的平面布置图上,分别在不同编号的梁中各选择一根梁用剖切符号引出截面配筋图,并在截面配筋图上注写截面尺寸和配筋数值。截面注写方式与平面注写方式大同小异。梁的代号、各种数字符号的含义均相同,截面图的绘制方法同常规方法一致,此处不再赘述。

结构平面图绘制的步骤和方法:

①选比例和布图。一般采用1:100,结构较简单时可用1:200。先画出两向轴线。

②定墙、柱、梁的大小及位置。用中实线表示剖到或可见的构件轮廓线。用中虚线表示不可见构件的轮廓线。门窗洞一般可不画出。

③画板的投影。除了画出楼层中梁、柱、墙的平面布置外,主要应画出板的钢筋详图,表示受力筋的开头和配置情况,并注明其编号、规格、直径、间距或数量等。每种规格的钢筋只画一根,按其立面形状在钢筋安放的位置上。如果图中钢筋布置表示不清时,可在图外画出钢筋详图。在结构平面图中,分布筋不必画出。配筋相同的板,只需将其中一块的配筋画出。

④如有圈梁或其他过梁,在其中心位置,用粗点画线画出。

⑤标注出与建筑平面图相一致的轴线间尺寸及总尺寸。

⑥注说明,写文字(包括写图名、注比例)。

本节思考

一栋建筑在美观、实用和安全以外,还需要哪些保障?

3. 建筑给水排水施工图

给水排水工程是解决人们的生活、生产及消防用水和排除废水、处理污水的城市建设工程,它包括室外给水工程、室外排水工程及室内给水排水工程三方面。给水排水施工图是表达室外给水、室外排水及室内给水排水工程设施的结构形状、大小、位置、材料及有关技术要求的图样,以供交流设计和施工人员按图施工。本章主要给大家介绍室内给水排水工程图的识读。室内给水排水工程图一般是由平面布置图和管道系统轴测图组成。

绘制给水排水施工图必须遵循国家标准《房屋建筑制图统一标准》(GB/T 50001—2017)及《给水排水制图标准》(GB/T 50106—2010)等相关制图标准,选用国家标准图例,做到投影正确、形体表达方法恰当、尺寸齐全合理、图线清晰分明、图面整洁、字体工整。

1)平面布置图

(1)室内给水排水平面图的主要内容

①建筑平面图。

②卫生器具的平面位置：如大小便器（槽）等。

③各立管、干管及支管的平面布置以及立管的编号。

④阀门及管附件的平面布置，如截止阀、水龙头等。

⑤给水引入管、排水排出管的平面位置及其编号。

⑥必要的图例、标注等。

室内给水平面图表示室内卫生器具、阀门、管道及附件等相对于该建筑物内部的平面布置情况，是室内给水工程最基本的图样。平面布置图绘制内容包括：用水房间的平面图，一般采用局部放大图。原粗实线所画的墙身、柱等，此时只用 $0.25b$ 的细实线绘制。卫生设备的平面布置图，画出轮廓即可，采用 $0.5b$ 的中粗线绘制。管道的平面布置情况，引入管、水平干管、立管、支管及配件设备的平面布置情况，一般采用中粗实线绘制。室内排水平面图的绘制内容与室内给水平面图基本一致，最大区别是给水管道用粗实线表示，而排水管道用粗虚线表示，如图 10-15 所示。

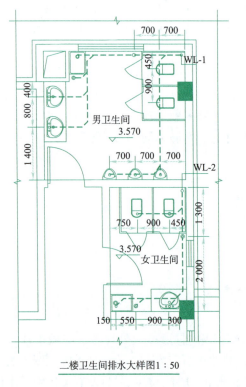
二楼卫生间排水大样图1:50

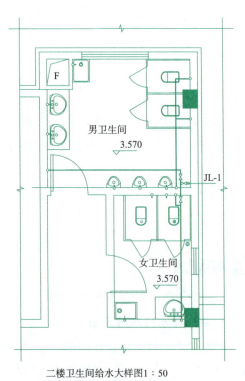
二楼卫生间给水大样图1:50

图 10-15　某工程给水排水平面图 1:50

（2）室内给水排水平面图的表示方法

①布图方向与比例。

给水排水平面图在图纸上的布图方向应与相关的建筑平面一致，其比例也相同，常用 1:100，也可用 1:50 等比例。

②建筑平面图。

在抄绘建筑平面图时，其不同之处在于：

a. 不必画建筑细部，也不必标注门窗代号、编号。

b. 原粗实线所画的墙身、柱等，此时只用 0.25b 的细实线画出。

c. 卫生器具均用中粗实线 0.5b 绘制，且只需绘制其主要轮廓。

d. 平面图中的管道用单粗实线绘制。位于同一平面位置的两根或两根以上不同高度的管道，为了图示清楚，宜画成平行管道，它仅表示其示意安装位置，并不表示其平面位置尺寸。当管道安装时，图上除应有说明外，管道线应绘制在墙身断面内。

给水排水管道上所有附件均按《给水排水制图标准》（GB/T 50106—2010）中的图例绘制。

建筑物的给水排水进口、出口应注明管道类别代号，其代号通常用管道类别的第一个汉字拼音字母表示，如"J"为生活给水管，"W"为污水排出管。当建筑物的给水排水进出口数量多于一个时，宜用阿拉伯数字编号，以便查找和绘制轴测图。

当建筑物室内穿过一层及多于一层楼层的立管数量多于一个时，应用阿拉伯数字编号。

当给水管与排水管交叉时，应该连续画出给水管，断开排水管。

e. 标注给水排水平面图中需标注尺寸和标高。

- 尺寸标注。建筑物的平面尺寸一般仅在底层给水排水平面图中标注轴线间尺寸。对卫生器具和管道的布置尺寸及管道长度一般均不标注。除立管、引入管、排出管外，管道的管径、坡度等习惯注写在其轴测图中，通常不在平面图中标注。

- 标高标注。在绘制给水排水平面图时，应标注各楼层地面的相对标高。在绘制底层给水排水平面图时，还应标明室外地面相对标高，标高应以 m 为单位。此外，应注明必要的文字，如注"立式小便器成品"等。

（3）室内外给水排水平面图的画图步骤

绘制室内给水排水平面图时，一般应先绘制底层给水排水平面图，在绘制其余各楼层给水排水平面图。

绘制每一层给水排水平面图的画图步骤如下：

①画建筑平面图。抄绘建筑平面图，应先画定位轴线，再画墙身和门窗洞，最后画其他构配件。

②画卫生器具平面图。

③画给水排水管道平面图。一般先画底层平面图，画给水引入管和排水排出管，然后按照水流的方向画出各主管、支管及管道附件。

④画必要的图例。

⑤布置应标注的尺寸、标高、编号和必要的文字。

2) 管道系统轴测图

为了清楚地表示给水排水管道的空间布置情况，除平面图外，还要画正面斜等测系统轴测图，即管道系统轴测图。轴测图的布图方向和比例应与相应的给水排水平面图一致，便于对照阅读。引入管和排出管及立管的编号均应与其对应平面图中的引入管、排出管及立管一致。给水排水管道系统轴测图图例和线条都较多，读图时要先找到进水源，然后根据干管、支管、用水设备、排水口、污水流向、排污设施等的顺序进行查找。一般情况下，给水排水管道系统的流向顺序如下：

室内给水系统：进户管、水表井（或阀门井）、干管、立管、支管、用水设备；

室内排水系统:用水设备、排水口、存水弯(或支管)、干管、立管、总管、室外下水井。

(1)给水排水轴测图的表达方法

①布图方向与比例。

给水排水轴测图的布图方向与相应的给水排水平面图一致,其比例也相同,当局部管道按比例不易表示清楚时,为表达清楚,此处的局部管道可不按比例绘制。

②给水排水管道。

给水管道轴测图与排水管道轴测图一般按每根给水引入管或排水排出管分组绘制。引入管和排出管道及立管的编号均应与其对应平面图中的引入管、排出管及立管一致,编号表示法仍同平面图。

给水排水管道在平面图上沿 X_1 和 Y_1 方向的长度直接从平面图上量取,管道的高度一般根据建筑物的层高、门窗高度、量的位置及卫生器具、配水龙头、阀门的安装高度来决定。

当空间交叉的管道在图中相交时,应判别其可见性,在交叉处可见管道应连续画出,而把不可见管道断开。

当管道过于集中,即使不按此比例也不能清楚反映管道的空间走向时,可将某部分管道断开,移到图面合适的地方绘制,在两者需连接的断开部位应标注相同的大写拉丁字母表示连接编号。

(2)给水排水轴测图中需标注内容

①管径标注。

②标高绘制。

③管道坡度标高。

④简化画法。

⑤图例。

(3)给水排水轴测图的作图步骤

通常先画好给水排水平面图后,再按照平面图与标高画出轴测图。轴测图底稿的画图步骤如下:

①首先画出轴测轴。

②画立管或者引入管、排出管。

③画立管上的各地面、楼面。

④画各层平面上的横管。

⑤画管道轴测图上相应附件、器具等图例。

⑥画各管道所穿墙、板断面的图例。

⑦最后在适宜的位置标注应标注的管径、坡度标高、编号及必要的文字说明等。

图 10-16 所示为某工程给水排水工程图。阅读室内给水排水平面图和轴测图需注意:根据平面图明确给水引入管和排水排出管的数量、位置,用水和排水房间的名称、位置、数量、地(楼)面标高等情况。根据轴测图明确各条给水引入管和排水排出管的位置、规格、标高,给水系统和排水系统的各组排水工程的空间位置及其走向,从而想象出建筑物整个给水排水工程的空间状况。

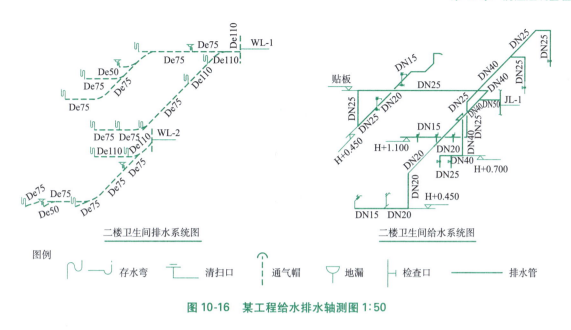

图 10-16　某工程给水排水轴测图 1:50

●●● 小　　结 ●●●

（1）房屋设计包括方案设计和施工图设计两个阶段。施工图设计结束以后，形成一套完整的施工图集，包括：图纸目录、设计总说明、建筑施工图、结构施工图和设备施工图。

（2）建筑施工图主要绘制建筑设计的相关信息，相关图样主要有：总平面图、建筑平面图、建筑立面图、建筑剖面图和建筑详图。

（3）结构施工图是在建筑设计的基础之上，通过力学计算和构件布置，绘制出房屋各承重构件的材料、形状、大小和平面布置情况的图样。结构施工图是制作和安装构件、编制施工计划和预决算的重要依据。

（4）室内给排水工程图包括平面布置图和管道系统轴测图，分别表示室内卫生器具、阀门、管道及附件等的平面布置和空间布置情况。

问题

工程图样的读绘是"工程制图"课程学习的终极目标。在建筑领域，房屋建筑图的绘制和阅读是每一位工程技术人员必备的基本技能，也是迈向工程师的第一步。根据本章的介绍，你可以看懂某工程的建筑、结构和给排水工程图吗？可以在读懂的基础之上，将其抄绘出来吗？

延伸素材：>>>>>>

工程图的雏形

人类从远古走到现代，几乎每个脚印都含有"图"的踪迹。在文字还没有形成之前，"图"是人类表达某种意图、传递信息的重要手段。比如有人要指示其他人制作某些原始的工具或挖陷阱时，就会用利器在地上或其他地方画些图形来示意，以弥补语言表达的不足。这就是"工程图"的雏形。

参 考 文 献

[1] 建筑制图标准:GB/T 50104—2010[S].北京:中国计划出版社,2010.
[2] 建筑结构制图标准:GB/T 50105—2010[S].北京:中国建筑工业出版社,2010.
[3] 建筑给水排水制图标准:GB/T 50106—2010[S].北京:中国建筑工业出版社,2010.
[4] 房屋建筑制图统一标准:GB/T 50001—2017[S].北京:中国建筑工业出版社,2017.
[5] 中国建筑标准设计研究院.民用建筑工程总平面初步设计、施工图设计深度图样[M].北京:中国计划出版社,2008.
[6] 钟训正.建筑制图[M].4版.南京:东南大学出版社,2022.
[7] 谢步瀛,刘政,董冰,等.画法几何[M].3版.上海:同济大学出版社,2016.
[8] 大连理工大学工程图学教研室.画法几何学[M].7版.北京:高等教育出版社,2011.
[9] 顾生其.画法几何[M].6版.上海:同济大学出版社,2020.
[10] 张大,田凤奇,赵红英,等.画法几何基础与机械制图习题集[M].北京:清华大学出版社,2012.